プログラミングの英単語

コードの気持ちがわかる！

入門で挫折しないための必須単語150

松元大地

技術評論社

はじめに

　本書を手にとってくださり、ありがとうございます。この本にあなたの手が伸びた理由はなんでしょうか？　想像するに「プログラミングの学習をはじめたが、なかなかうまくいかない、挫折しそう」でしょうか。そういう方もいるかもしれません。もしくは「IT業界に入ったのだけど、やたらと横文字が使用されていて普段の業務の会話がよくわからない」という方もいるかもしれません。

　本書は、それらのどちらであってもあなたのためになる可能性があります。プログラミング上での英語もIT業界での横文字も、おおもとはなんらかの英単語です。それが変化を遂げたり遂げなかったりして、プログラミング用の単語となったり、業務用語となっています。おおもとの英単語さえしっかり抑えておけば、あとは類推することでその意味へ到達できるからです。

　IT業界では、この「類推」というスキルがとても重要です。特になんらかのアルファベットの並びや横文字から、それがなにを意味するのかを、経験をもとに自分で推測する力が必要な場面によく出会います。たとえば……

1. e
2. tmp
3. init
4. マージ
5. エビデンス

　以上の5つの言葉がなにを表わしているか、いくつわかりますか？　もし全部の意味がわかるのであれば、この単語帳はあなたに必要ありません。しかし、全部わからないとか、1つしかわからないといった場合は、お役に立てそうです。

　ちなみに私が業界に入ったときは1つしかわかりませんでした。「エビデンス」だけです。けれど、この「エビデンス」が「画面キャプチャ」の意味で使われていることは知りませんでした。エビデンスが「証拠」なのだから、

その文脈でいえばきっと画面キャプチャが求められているのだろうと推測しただけです。

　ではざっくりと解答を示しましょう。

1. さすがにeの1文字だけでは絞れませんが、プログラミング上ではevent（出来事）かelement、entry（要素、項目）である可能性が95%でしょうか。前者か後者であるかも当然文脈で判断します。近くにlistenという単語があれば前者ですし、関数型プログラミングの場合は後者でしょう。あるいはerror（エラー）かもしれません
2. これは100%、temporary（一時的な）です
3. これはinitial（初期状態の）かinitialize（初期化）です
4. マージはmerge（融合する）という意味で、混ぜ込んでひとつにするというニュアンスです
5. エビデンスはevidence（証拠）で、「エビデンスを取っておいてください」と言われたら「テスト結果の画面キャプチャを保存しておいてください」ということです。技術職ではないなら「客観的な統計データ」でしょう

　……といったことを紹介するのが本書の内容です。もう少し一般的な言い方をすれば、「英単語やカタカナ語の少ない情報から、ITやプログラミング上の情報の推測を助ける本」と言えるかもしれません。

　こういった内容の本が世に出る意義があるとすれば、それは日本社会全体からの「IT初心者の基本的なプログラミング英単語の習得」への要請によるものでしょう。さらにもとをたどれば、IT業界というものがかなり広く門戸を開くようになったからとも言えます。以前のように専門的にソフトウェア工学を学んだ学生だけではなく、さまざまな業界のさまざまなバックグラウンドを持った人たちが、IT業界へ熱い志を持って流入しています。IT業界は、専門的なプログラミング教育を受け、必要な英語を身に付けている人だけが進むだけの業界ではなくなりました。そういう非IT業界人たちへの基本的なプログラミング英単語帳の出現は必然だったのかもしれません。

　この現状を鑑みて、収録している英単語は比較的やさしいものに絞っています。半分くらいはカタカタ語として日常的に日本語で使用されているで

しょう。けれども、月並みではありますが「知っている」と「理解している」は違います。たとえば、「public」が「公の」を意味することは知っているかもしれませんが、はたしてプログラミング上でのニュアンス、あるいは「気持ち」を理解しているでしょうか？ 本書の解説は、そういったよく知っている英単語のプログラミング上のイメージに重きを置いています。そのため、それぞれの英単語の日本語訳も「プログラミング上での意訳」としてもいます。

　この本は、私が会社員だったとき「create」の意味やスペルがわからないくらい英語が苦手な新人のために書いたものがもとになっています。新人が楽しく英単語を覚えながら、業界の基礎知識を同時に得られるようなものを書いたなら、きっと彼のためになるんじゃないか。そう思って書きはじめた本書（……の起源となる本）のコンセプトは、お節介でおしゃべりな先輩がペラペラと余計なことも含めて後輩に話しかけているけれど、なかにはためになる部分もある、そんな本でした。

　ですから、英単語帳という殻を被った本書ですが、読者によって読まれかたはさまざまになりそうです。ある読み手にはその通り「英語の本」かもしれません。あるいは、上述の経緯から考えれば「言葉遊び」や「類推思考（アナロジー）」の本と捉える方もいるかもしれません。この本の作られた過程は最初から最後まで語り手（私）によるアドリブですから、「エッセイ」だと捉える読者のいる可能性もある。そんな風変わりな本となっています。

　本書の執筆にあたっては、愛知県立旭丘高校の同期生で卓球の相棒、保房宏昭氏からは有益な助言を多くいただきました。そして、本書ミニエッセイの『徳永先輩』ことLeapMind株式会社取締役CTOの徳永拓之氏には、エッセイのネタにすることを快諾していただき、加えて、連絡した際に図々しくも、本書の内容の一部に目を通していただきました。両氏にここに厚く御礼申し上げます。

　最後に、私の執筆の時間を作るために子供を連れてたびたび外出してくれた最愛の妻、優子に心よりありがとう。そして、いつも可愛い寝顔と寝息で私を癒やしてくれた長男、優一と、原稿執筆半ばに誕生した次男、新太に本書を贈る。

［コードの気持ちがわかる!］ プログラミングの英単語

入門で挫折しないための必須単語150

｜目次｜

CREATE DATABASE!

Chapter 3　　生産や前進を表わす単語

Chapter 4　　終了や停滞に関わる単語

Chapter 5　データやファイルに関わる単語

dump

Chapter 6　型に関わる単語

はい？

ハッシュの戻し方を
教えて下さい！

Chapter 12　裏で動いてる雰囲気の単語

Chapter 13　ログによく表われる単語

本書を読むにあたって

単語の「意味」について

それぞれの英単語の「意味」は、プログラミング上の使い方をもとにした著者の意訳です。必ずしも一般的に通じるわけではありません。

動作環境について

動作を確認した各言語処理系・ライブラリのバージョンは以下のとおりです。特に明示されていない場合はmacOSの利用を前提としています。

・Java 11
・Ruby 2.7
・Node.js 14
・Python 3.9
・PHP 7.4
・Perl 5.18
・Ruby on Rails 5.1

本書に登場するコードについて

著者の専門がWebアプリケーション開発であるため、本文やExampleに登場するコードもWebにまつわるものが中心となっています。言語としては、RubyやJava、JavaScriptがメインです。もちろん、これらの言語に馴染みのない読者を置いてきぼりにしないように努めましたので、安心して読んでください。

ただし、本書はそれぞれの言語の解説書ではないため、必ずしもベストな書き方と言えない箇所があることにも注意してください。また、「hogehogeメソッドがあって……」といった紹介をすることがありますが、紙幅の都合上、どのクラスのメソッドであるかなどの詳細な解説はしていません。

このほか、プログラミング入門者に箇所についてあらかじめ説明しておきます。

コメント

プログラミング言語によって異なりますが、#や//はコメントを表しています。その行の以降の内容は、ソースコード本体やコマンドに影響を与えません。

意味のない単語

hogeやhogehogeは例示などによく使われる「意味のない単語」です。海外ではfooやbarが使われることもあります。

「フォルダ」と「ディレクトリ」

Windowsやmacosにおける「フォルダ」とLinuxなどでの「ディレクトリ」は、ひとまず同義と考えて問題ありません。本書でもそのように扱っています。

「メンバ」「フィールド」「プロパティ」

いずれも「項目」や「属性」といった意味で、そのオブジェクトが持っているもののことです。プログラミング言語によってどの言葉が使われるかが異り、Javaなら「メンバ」、JavaScriptなら「プロパティ」、どの言語でも通用するのが「プロパティ」や「フィールド」といったところでしょうか。

SQLの大文字

データベースへの問い合わせ言語であるSQLのキーワードは、慣習に準じて本書でも大文字で書いています。とはいえ、実際には小文字でも問題ありません。

Chapter
1
基本中の基本単語

001 create

動 無から生成する　→類義語 030 gen, generate

トップバッターはIT業界で最も使われる英単語のひとつ、神の創造、createだ！

　IT界で最も使用頻度の高い英単語のひとつ、create。意味はそのままで、なにかを新しく作成するときに使われることが多い。「神に創造されたもの」という意味のクリーチャー（creature）は「生物」という意味であることからも、createの「神の創造感」が伺える。

　「クリエイティブな発想」などでよく使われる「クリエイティブ」とはニュアンスがちょっと違う。「クリエイティブ」はどちらかといえば芸術界の言葉。IT界では、永続性を前提とする、特にデータベースまわりの単語として使われることが多く、データベースの生成、そしてテーブルの生成にはまさにこのcreateを使う。

Example

　MySQLでデータベースを生成する。

```
mysql> CREATE DATABASE test_database;
Query OK, 1 row affected (0.05 sec)
```

💡 **CRUD**：業界に入ってよく聞くようになる言葉に、「CRUD」というものがある。これはそれぞれ、「Create」「Read」「Update」「Delete」の頭文字をとったもので、データベースの基本機能である「新規作成」「検索」「更新」「削除」をあらわしたものである。

002 get

動 手に入れる ➡類義語 031 fetch

日常でもしばしば使われるgetだが、
プログラミングでも頻出だ！

　「ポケモンゲット！」のゲット。「ゲッツ！」のゲットであるかは不明。普段からよく使うカタカナ言葉なので理解は難しくないだろう。さまざまな「取得」の場面で使われる。プログラム中に取得系のメソッドがあるなら、getを使った名前にしておけばあまり間違わない。

　ブラウザが行うHTTPリクエストでも、リソースの取得には通常「GETメソッド」が使われる。ちなみに、同じくHTTPリクエストのメソッドである「POSTメソッド」は、その名のとおりサーバに情報を「投函する」目的に使われる。

　余談だが、「名は体をあらわす」という言葉がある。「リソースの取得だからGETなんだ」とか「データの投函だからPOSTなんだ」と気付くと、その本質を体得できている、かも。

Example

　curlコマンドを利用して、**www.yahoo.co.jp**にGETメソッドでリクエストを投げる。

```
$ curl -X GET https://www.yahoo.co.jp
```

　実行結果は以下のとおり。

```
<!DOCTYPE html><html lang="ja"><head><meta charSet="utf-8"/><meta
http-equiv="X-UA-Compatible" content="IE=edge,chrome=1"/><title>Yahoo! JAP
AN</title><meta name="description" content="あなたの毎日をアップデートする情
報ポータル。検索、ニュース、天気、スポーツ、メール、ショッピング、オークションな
ど便利なサービスを展開しています。"/>...
```

💡 **curlコマンド**：主にUNIXシステムで利用されるコマンドの一つで、さまざまな通信手順を用いて、URLで与えられたネットワーク上の場所との間でデータの送受信を行う。今回は「Yahoo! JAPAN」のWebサイトのリソース（HTML）をHTTPリクエストのGETメソッドで取得している。

003 find

動 見つける、データを取得する

Ruby の Rails、PHP の Laravel などの主要な Web フレームワークで、
データの取得に使われる単語だ！

find は多くの Web フレームワークでテーブルから抽出対象を取得するメ
ソッドとして使われる。「集合そのものを取得する」 ○ 002 get に比べ、「集
合の中から1つの要素を見つける」感覚が強い。Web 開発などでこの単語が
出てきたら、たいていデータベースからの SELECT を行っているということ。

また、関数型プログラミングでも登場して、対象としている集合に、条件
に合うものが存在するかを確認する用途で使われる。そのまま「ファイルを
見つける」ための Linux コマンドもある。

ちなみに、ブラウザなどで検索をするときに使う Control + F というショー
トカットキー。この「F」はもちろん find の f である。

Example

PHP の Laravel フレームワークで、ユーザ情報の1番目の要素を取得する。

```
>>> User::find(1)
=> App\Models\User {#3962
    id: 1,
    name: "横浜太郎",
    email: "tarou@yokohama.hogehoge",
    created_at: "2020-10-04 15:11:25",
    updated_at: "2020-10-04 15:11:25",
  }
```

JavaScript での関数型プログラミングでは以下のように使われる。

```
let numbers = [2, 5, 8, 12, 23];
let firstOver10Number = numbers.find(number => number > 10);
console.log(firstOver10Number); // 12が出力される
```

 関数型プログラミング：JavaScript のコード例の、関数 find の引数は、関数
number => number > 10 である。このように関数でプログラムを構成する手法が
関数型プログラミングである。

004 listen

動 イベントを監視する

出来事、つまりイベントを取得するモノを「リスナー」と呼んだりする

　listenという単語がプログラミングで出てくるのは意外に思われるかもしれない。ファイルやデータを読み書きするというのは自然に感じても、「聴くって、一体なにを⁉」と思う読者も多いはずだ。

　プログラミングの文脈で「聴く」のは、「イベント」と呼ばれるものがほとんど。イベントというのは、たとえば「マウスを右クリックした」「ポートにデータが到着した」といった出来事のことだ。そして、それに「聞き耳を立てる」行為がlistenというわけ。

　ところで、listenの日本語訳は「聴く」や「聞こうとする」で、「聞く」ではない。「聞く」が受動的なのに対して「聴く」はもっと能動的な行為である。つまり、listenというのはイベントを執拗に監視しているイメージだ!

Example

　JavaScriptで、**btn**というIDが付与された要素がクリックされるかを監視下に置いている。

```
let btn = document.getElementById('btn');
btn.addEventListener('click', function() {
    console.log('ボタンがクリックされました!');
}, false);
```

005 put

動 置く、セットする

よくライブなんかで「プッチュアハンザップ！」って聞きますね

「置く」という意味のputだが、語源まで遡ると「固定する」という意味だ。であるので、一言紹介の「put your hands up」は「両手を上部で固定して（両手を上げて）」という意味になる。汎用性の高い単語であるため、メソッド名などでもさまざまな意図を表すのに使われている。Ruby言語において、puts（プットエス）は文字列を標準出力に出力するメソッドであるが、ほかの言語の標準出力のためのメソッドに比べると、その命名は異質である。「put+string」って……。

putsもそうだが、Rubyの命名はほかの言語に比べて風変わりという印象を私は持っている。けれども、その命名や構文は自然言語である英語に近い。Rubyが「動く擬似コード」と呼ばれる所以だ。

Example

Rubyで標準出力する。

```
irb(main):001:0> puts "Rubyは天真爛漫。Javaは優等生。"
Rubyは天真爛漫。Javaは優等生。
=> nil
```

JavaのHashMapクラスを利用する。

```
jshell> var map = new HashMap<String,Integer>();
map ==> {}
jshell> map.put("メロン", 2400);
$2 ==> null
jshell> map.put("りんご", 400);
$3 ==> null
jshell> map;
map ==> {りんご=400, メロン=2400}
```

 標準出力：JavaのSystem.out.printlnや、JavaScriptのconsole.logは、引数の文字列を、ターミナルやコンソールに吐き出す。こういった、特に指定がない場合の出力先を標準出力と言い、デバッグやログの出力先として使われる。

006 is

動 ～である、～を継承している

オブジェクト指向プログラミングで「Dog is Animal」というと、
「DogクラスはAnimalクラスを継承している」という意味である

　オブジェクト指向プログラミングの「継承」においては、継承先のクラス
は継承元をより具体化したものとなるから、「Dog is Animal」や「Cat is
Animal」となる。動物の基本的機能であるeatやwalkという操作がAnimal
に定義されていれば、その性質をDogもCatも引き継ぐ。

　また、be動詞であるisは、主にメソッド名やカラム名で形容詞とつなげ
て「is○○」のように使う。このとき、メソッドの戻り値やカラムに格納さ
れる値はboolean（真偽）になる。そして、このように命名をされたものを
「フラグ」という。

Example

　RubyでAnimalクラスを定義して利用する。

```ruby
# Animalクラス定義
class Animal
  def eat
    puts "食べる"
  end
end

# Animalクラスを継承したDogクラスの定義
class Dog < Animal; end

# Dogのインスタンス生成
dog = Dog.new

# dogがAnimalかを確認
dog.is_a?(Animal) => true

# dogにはeatメソッドが定義されていることを確認
dog.eat => 食べる
```

007 have, has

動 ～を構成要素として持つ

クラスやモデルが、その構成要素としてなにかを含んでいたり持っている場合、しばしば「その要素をhasしている」と言う

　オブジェクト指向プログラミングにおいて重要な概念を表す単語であるhas。そのクラスが構成要素としてなにを「持つ」かを表現するときに使う。「車はホイールを持つ」ならば「Car has wheels」。

　また、リレーショナルデータベースで、テーブルの親子関係を表現する場合にも使う。「会社は多くの社員を持つ」ならば「Company has many employees」。ちなみに子として親に持たれる側から見た場合、「親に所属する」ということでbelongを使う。

　● 006 isと同様に、変数やメソッドの命名で使われるケースも多く、**hasTicket**であれば、「チケットを持っているか？」のような使われ方をする。これもフラグと言える。

Example
Railsではモデルの親子関係をソースコードで表現できる。

```
class Company < ApplicationRecord
  has_many :employees
enb

class Employee < ApplicationRecord
  belongs_to :company
enb
```

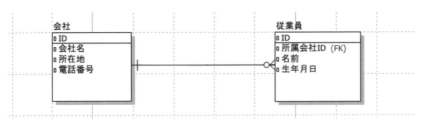

　ER図：上記のような、データベースのテーブルどうしの関係を描いたものをER図と呼ぶ。1つのCompany（会社）に対して複数のEmployee（従業員）が紐付いている状態が見て取れる。

008 add

動 付け加える　⏵類義語 027 append

実際の業務でのプログラミングでは、
とにかく後ろに「add」するような処理は多い

　IT業界の最頻出単語のひとつと言っても過言ではないadd。プログラミングでは、「付け足す」「付け加える」など「もともとなんらかの集合があって、そこに要素を追加する」という操作がよく行われる。説明不要かとは思うが、機能追加のための「アドイン」や「アドオン」の「アド」もこのaddだ。

　アプリやシステムをリリースしたあと、顧客から「こういった機能が欲しい」と言われるがままに機能をaddしまくるのには要注意。それをやると、なにがなんだかわからない状況に陥ることがしばしばあるからだ。

Example

　MySQLでDDL（⏵ 086 schema）を使い、**atozuke**という名前のカラムを最後に追加している。

```
mysql> ALTER TABLE people ADD COLUMN atozuke TEXT;
Query OK, 0 rows affected (0.04 sec)
mysql> DESC people;
+----------+-------------+------+-----+---------+----------------+
| Field    | Type        | Null | Key | Default | Extra          |
+----------+-------------+------+-----+---------+----------------+
| id       | int         | NO   | PRI | NULL    | auto_increment |
| name     | varchar(20) | YES  |     | NULL    |                |
| gender   | int         | YES  |     | NULL    |                |
| birthday | date        | YES  |     | NULL    |                |
| atozuke  | text        | YES  |     | NULL    |                |
+----------+-------------+------+-----+---------+----------------+
5 rows in set (0.00 sec)
```

009 del, delete

削除する　◯類義語 **045** remove

removeに比べ「削除」感が強い……なんとなくそんな感じ

　IT界、2大消す系単語のdeleteとremoveの片割れ。なんだかremoveより強い感じで、「めっちゃ消したい！」という意思を感じさせる。

　SQLの **DELETE** は、**WHERE** 句で条件を指定しないとすべてのデータを吹き飛ばしてしまうので注意しよう。**DELETE** するときは、まず **SELECT** で条件を指定して抽出するものを確認したうえで、**SELECT** という単語だけを **DELETE** に置き換えるのが安全である。

　ちなみにHTTPリクエストのメソッドにもDELETEメソッドがあるが、HTMLのフォームがサポートしておらず（**form** タグの属性 **method** ではGETかPOSTしか選べない）、通常GETで代用される。

Example

　MySQLで、**people** テーブルのすべてのデータを吹き飛ばす。

```
mysql> DELETE FROM people;  # このSQLはとても怖いやつ
```

　Windowsでファイルの削除コマンドとしても使われる。

```
> del hogehoge.txt
```

どうしました？

……やっちまいました
（WHERE句なしでDELETEを）

010 success

名 成功　→ 関連語 040 complete

もう切羽詰まっているときに「success」という単語を見ると、「やっと帰れる！」と思ったりする

　プログラマが好きな単語、success。Webアプリケーションをサーバ上で展開することを「デプロイ」と呼ぶが、この処理には30分くらいかかることがしばしばある。ということは、失敗するとまた30分待たなければならない。それを繰り返した末に、ようやくsuccessという言葉に遭遇するときの開放感は格別だ！

　successの動詞形はsucceed、形容詞にすればsuccessful、副詞にすればsuccessfully。サクセス満載感がいい感じ。ちなみにsuccessの反対は失敗を意味する→ 141 failureであるが、こちらもプログラミング中にはよく目にする単語である。見たくないけどさ。

　余談だが、動詞のsucceedには「続く」という意味もあり、どちらかというとそれが本質で、「良いことが続く」感として成功するという意味に転じた。

Example

デプロイに成功した様子。

```
successfully deployed......
```

💡 **失敗は成功のもと**：「プログラミングはどのように勉強したらいいですか？」という質問に対しての私なりの回答をしよう。まず座学ありと私は考えている。その座学によって「理論からこうすればこう動くであろう」という仮説がたてられるはずだ。そしてそれを実践する。うまくいく場合はそれでいい、失敗した場合はなぜ失敗したかを考える。そしてなぜ失敗したかを理解する。次は成功する。その繰り返ししかないのだ。

011 error

名 致命的な欠陥　●類義語 049 fault

successが緑、warningが黄色ならば、
errorは嫌味なほどに、真っ赤で表示される

　そのまんま。エラーの意味のerror。あまり見たくない英単語のひとつ。エラーが発生したということは致命的な欠陥があることを意味し、そのプログラムは異常終了する。

　「エラーログが意味するところがわかる」というのは技術者としてとても大事なことで、この本の目的のひとつでもある。初学者のなかにはなんのことかわからずに無視してしまう人もいるが、エラーログというのは案外親切に書かれていたりするので、軽んぜずに読む癖を身に付けたい。

　ちなみに、エラーは**e**、例外（exception）は**e**や**ex**という変数に格納されることが多い。

Example

　Railsでのエラーログの一部。

　コントローラである**films_controller.rb**の6行目の**index**という部分に問題があることが見てとれる。「**order_by**メソッドが間違いで、**order**じゃないですか？」とまで親切に教えてくれている。

```
NoMethodError - undefined method 'order_by' for #<Class:0x007f983a9ce5a8>
Did you mean?  order:
  activerecord (5.1.3) lib/active_record/dynamic_matchers.rb:22:in 'metho
d_missing'
  app/controllers/films_controller.rb:6:in 'index'
```

💡 **try-catch**：プログラミングの重要な技術に、「エラーハンドリング」というものがある。「エラーをどう処理するか」といった意味で、ほとんどの言語は発生したエラーを捕まえてそのあとの処理を書ける。その、エラーを捕まえる言葉には、Javaであれば**catch**、Rubyであれば**rescue**、Pythonならば**except**などが使用される。エラーの処理を見ればだいたいその作業者の言語仕様の理解度がわかるものである。

012 push

動 最後尾へ追加する、リモートリポジトリを更新する　⊃対義語 013 pull

もともとプログラミングではよく使われていたpush。
Gitの登場によって開発現場では常に飛び交っている単語だ！

　「押し込む」という感覚が強いpush。データ構造のスタックで後入れの操作をpushと呼ぶため、IT界のあらゆる場面で使われるが、やはり配列に要素を追加するときに使われることが多い。末尾への要素の追加と暗記してほぼ間違いない。⊃ 008 addが最後尾にくっついての追加に対し、pushは押し込まれての追加である。
　バージョン管理ツールのGitでは、ローカルリポジトリの内容で、リモートリポジトリを更新するとき git push というコマンドを使う。

Example

　JavaScriptの配列の最後尾に要素を追加する。

```
> numbers = [1, 2, 3, 4];
[ 1, 2, 3, 4 ]
> numbers.push(5);
5
> console.log(numbers);
[ 1, 2, 3, 4, 5 ]
undefined
```

💡 **スタック**：スタックは「後に入れ先出し」という形でデータを持つデータ構造。
リュックサックに荷物を入れる感覚に近い。

013 pull

動 引っ張る　→対義語 012 push

実はこの本の原稿はGitHub上に存在していて、
著者（私）が原稿をPushして、編集者がPullしたりしているのだ！

　押し込むpushに対して、「引っ張る」はpullである。バージョン管理ツールのGitで遠隔のリポジトリにあるリソースの変更を自分のローカルマシンに持ってきて適用するには**git pull**というコマンドを使う。

　話はそれて。GitHub上で「PR」と略されているものがなにかわかるだろうか？　私ははじめて見たとき意味がわからなかった。これは「Pull Request」の略である。

　現場ごとに独自の略語が使われていたり、変数名なども略して書かれていたりすることは多い。文脈からなんの略かを判別する能力はエンジニアに必要なのだ。

Example

　Gitで、リモートリポジトリから最新の情報を取得して、ローカルのソースコードにマージ（→ 025 merge）する。

```
$ git pull
<中略>
907720b..4cec991  main -> origin/main
Updating 907720b..4cec991
Fast-forward
README.md | 3 ++-
1 file changed, 2 insertions(+), 1 deletion(-)
```

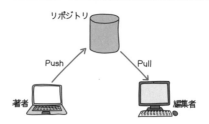

💡 **Pull Request**：現代的な開発では欠かせないGitHubの機能。「このソースコードをレビューして、問題なければ本流にマージしてください」とお願いする行為である。

014 return

動 戻る　◯類義語 **115** render

プログラミングでのreturnの意味は「戻る」なのか「戻す」なのか……

　関数やメソッドの最後に書くreturn。JavaScriptの場合、明記しないと**undefined**が返るから気を付けましょう。Rubyの場合、最後に書いた式の評価が返るので書かないのが普通。

　シェルやC言語の世界では、関数の実行時になにも問題がない場合には0を返し、なにか問題があると0以外を返すという文化がある。なのでログに「**exit with 1** (0以外で終わりました〜)」みたいな英語が出た場合、その処理が失敗したことを表わす。そして、◯ **140** abortのような単語で追い打ちをかけてくるのがコンピュータというやつだ。

Example

成功パターンのログの例。

```
finished with 0
```

失敗パターンのログの例。

```
exit with 1
```

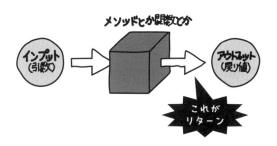

💡 **return 0の意味**：厳密には異なるが、0をNULL（なにもない）と考えれば、**return 0**は「なにも（問題）ない」みたいな意味合いと解釈しても、プログラミング初学者としては問題ない。きちんと解釈するにはC言語の仕様や、Linuxのシェルの**&&**を理解する必要がある。

015 default

名 初期状態

デフォルトを「デフォ」と略すのが今風らしい……（ほんとに！？）

「macOSにはデフォルトでPython 2が入ってる」といった形で、日常的に使われる。ここでの「デフォルト」は「オプションを付けていないサラの状態」や「購入直後の状態」を指す。説明不要だとは思うが、「オプション」とは選択肢という意味だ。

もちろん、defaultという単語をプログラミングで使うこともある。ただ、どちらかというと設定ファイルやデータベースの定義などに使われるイメージだ。

Example

MySQLで**people**テーブルの定義を見る。それぞれのフィールドのデフォルト値がNULLであることが確認できる。が、実はデフォルト値をNULLにするのはよろしくない。

```
mysql> DESC people;
+----------+-------------+------+-----+---------+----------------+
| Field    | Type        | Null | Key | Default | Extra          |
+----------+-------------+------+-----+---------+----------------+
| id       | int         | NO   | PRI | NULL    | auto_increment |
| name     | varchar(20) | YES  |     | NULL    |                |
| gender   | int         | YES  |     | NULL    |                |
| birthday | date        | YES  |     | NULL    |                |
+----------+-------------+------+-----+---------+----------------+
4 rows in set (0.00 sec)
```

オレ、これがデフォだから……
訳）私は、いつもこんな感じです

💡 **DBでデフォルト値をNULLにするのがダメな理由**：データベースでNULLを許容すると、「データが存在せずに、NULL」と「データは存在するけど、空文字や**false**」「具体的なデータが存在する」が混在してわけがわからない状態に陥る。

016 interface

名 境界面、約束事

IT業界の人には当たり前のことでも、一般人にはわからない単語はあります。たとえばこの「インターフェース」

インターフェース、略して「IF」。業界に入って出くわす意味の分からない単語「IF」。なにかとなにかを結びつけるプログラムが「IF」。人間とコンピュータの境は「ユーザーインターフェース」、つまり「UI」である。

Javaなどでのプログラミングにおける「インターフェース」はもう少しきちんと言うと「パブリックインターフェース」ということであろう（ ➡ 107 public）。つまり「外部との境界面」ということだ。外部との接点には約束事が必要なので、プログラミング上のインターフェースでは約束を定義する必要がある。

ところで、話はまた変わる。小学校の教諭をしている私の妻がICT教育係のようなものになったとき、「PCメーカーやソフトウェアの会社の人が、何度もインターフェースインターフェースと言っていたんだけど、インターフェースってなんなの？」と腹を立てていた。業界の人間には常識でも、一般人には伝わらない言葉はまだまだ多くあるものなのだ。

Example

Javaでのインターフェースの例。**Animal**、つまり動物全体の約束事として、「食べる」や「寝る」の操作を定義している。

```
public interface Animal {
  void eat();
  void sleep();
}
```

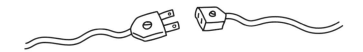

017 commit

動 引っ込みがつかない約束をする、確約する

**私はcommitに「注力する」という意味があることを
最近になって初めて知り、愕然とした**

「commit a crime」で「罪を犯す」という意味で使用されるcommitだが、IT業界ではそうではなく、「約束する」といった使われ方が多いようだ。

たとえば、データベースでのアトミック性（原子性）を保証する、つまり「全部の処理が成功するか、まったく処理がされないという2通りの結果しか許さないことを約束する」ときにcommitという語が使われている。また、Gitなどのバージョン管理ツールでのコミットであれば「その修正を確約する」といった意味合いだ。

私は、ずっと某スポーツジムの「結果にコミットする」の意味が全然わからず「結果をコミットする」じゃないの？と思っていたが、commitには、「注力する」という意味があるということを最近知った……。

Example

MySQLでの例。**UPDATE**がすべて成功した場合のみ最後の**COMMIT**が実行され、データベースの変更が行われる。

```
BEGIN;
なんらかのUPDATE......
なんらかのUPDATE......
COMMIT;
```

もしかしてコミット
（ここでは契約の意味）
しちゃったのかなあ？

💡 日常会話での「コミット」：上の挿絵にも出ているが、もともとの意味が「罪を犯す」ということもあって、「やっちまった感」をあらわす風にも使われる場合がある。

Column
徳永先輩のこと

　新人のLinuxサーバ構築の面倒を見ていて、こんなこともあったなと、昔の思い出が蘇ってきました。

　21世紀の初頭、私は大阪大学の理学部数学科に属する数学徒でしたが、しかしまあ、いろいろあってちゃんと勉強ができる状況になかったのです。そういうわけで大学も2回中退しており、その1つ目が阪大でした。

　その数学科の講義に実験数学という一風変わったタイトルの講座があり、具体的にはC言語やLispを利用して簡単な数学の問題をプログラミングで解く、そんな授業でした。私はコンピュータとは無縁な人生を歩んできたのですが、その講義は面白いなと思い、毎週の授業に出るようにしていたのです。

　そんな中、C言語を使用できる環境が自宅になく、あったのはネットワークにすら繋がっていないWindows Meマシンだけ。当時所属していたワンダーフォーゲル部（山岳部みたいなもんです）の企画書を書くためにWordを使っている程度のものでしたが、なんとかC言語の学習に利用できないかと思い、部室で「C言語の学習ってどうやったら良いのかなあ」とつぶやいたのです。

　そんな私の言葉にすかさず反応したのが、当時もう立派なプログラマとして、バイトなどで業務に就いていたLinux狂の徳永先輩でした。「Linuxをインストールしたら良いよ」と言う徳永先輩に無理にお願いして、当時まずまずの人気を誇っていた純国産ディストリビューションであるVine Linuxをそのマシンにインストールしてもらったのです。その作業はワンゲルの部室で夜を徹して行われました。

　そのインストール作業の際に徳永先輩が「RubyとかPerlもインストールしといたほうがいいな」とブツブツ言っていて、なんの知識もない私は「この人、ルビーとかパールとか、なにわけのワカンナイコトヲイッテイルノダロウ……」とベタな、また今となっては大変失礼なことを思いながら、作業の様子を、手持ち無沙汰で不思議に眺めていました。

しかしそのPCは結局、徹夜の作業虚しく、ただの箱になってしまいます（きちんと説明しますと、徳永先輩はちゃんとデュアルブートにしており、Windowsは生きていたのですが、なにかのタイミングでLinuxしか起動できなくなった……という経緯でした）。それから当時の私のプログラミング熱はほどなくして冷め、コンピュータをよく知らない私にはLinuxなんて有効活用できるはずもありませんでした。Linuxやプログラミングなんて当時は一生分からないと思っていましたし、まったく理解ができないのでコンピュータが好きではありませんでした。

　けれども、それが、それから十余年経った現在、15台のLinuxサーバの面倒を見て1万人のアクティブユーザの業務を支えているのだから人生はホントに不思議なものですね。
　大学生で立派なプログラマだったそんな徳永先輩は今や機械学習の分野で大きな活躍をされており、本なぞ書いてらっしゃいます（『日本語入力を支える技術』技術評論社、『オンライン機械学習』講談社など）。
　ところで、そんな偉い徳永先輩もちゃっかり留年してともに留年坂[注1]を上った仲であることは追記しておくべきでしょうね。

注1）大阪大学、豊中キャンパスの部室棟の裏にある階段である。部活を頑張れば頑張るほど、部室と自宅の行き来が頻繁になり、それゆえ、この坂を登る者の留年率が高いという理由で名付けられた愛称。

Chapter

2

モノの集まりに 関わる単語

018 contain

動 包み込む　●類義語 019 include

名詞形のcontainer（コンテナ）もまた頻出単語だ！

　私が個人的に好きな英単語、contain。Javaのコードにおける「なにかを含むかどうか」の判定には、たいていcontainsという単語が使われる。同じく「含む」を意味するincludeと少しニュアンスは異なる。

　名詞形は、IT業界で頻出の「container（コンテナ）」だ。「何かを入れる容器」という感じに使われる。たとえばCSSフレームワークのBootstrapでは、外枠のクラスにcontainerを指定しなければならない（● 061 col, column）。

　Dockerなどのコンテナ技術（● 034 compose）はここ数年で急速に発展し、エンジニアはそれを理解せずには実務がこなせないほどである。

Example

　Javaでの**contains**メソッドの使用例。言うまでもないが、**str**は「string（● 068 string）」の略である。

```
jshell> var str = "ITエンジニア";
str ==> "ITエンジニア"

jshell> str.contains("エンジニア");
$2 ==> true
```

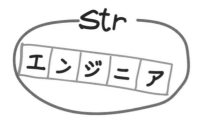

str.contains("エンジニア")は
変数strが文字列"エンジニア"を
すっぽり含むイメージだ！

💡 **Bootstrap**：大きな画面にも小さな画面にも自動で対応するデザインのことを「レスポンシブデザイン」と呼ぶ。そして、Twitter社が中心となって開発しているCSSフレームワークBootstrapの登場で、このレスポンシブデザインがとても楽に書けるようになった。

019 include

[動] 含む、取り込む　●類義語 018 contain

Javaのcontainsは、Rubyではinclude?である

　Javaでは「なにかを含むかどうか」の判定に contains を使うことを前項で紹介した。一方Rubyでは通常 include? を使う。ついでなので他の言語も調べてみると、JavaScript は includes、Python は find のようだ。紛らわしいなあ、まったく。

　それはそうと、contain と include はともに「含む」という意味だが、ニュアンスは異なる。contain が「あるものをスッポリ覆う」感じである一方、include は「一部分として含む」といった感じだ。

　Rubyで外部のモジュールを取り込んで利用する（ミックスインする）場合にも、この include という単語を使う。たしかに一部分として含むといった感覚である。

Example

　Rubyでの include? の使用例。

```
irb(main):001:0> str = "プログラミング英単語"
=> "プログラミング英単語"
irb(main):002:0> str.include?("プログラミング")
=> true
```

　Rubyでミックスインをしている様子。

```
class Animal
  include Eatable
  include Walkable
  ...
```

💡 **Rubyのモジュール**：Rubyのモジュールには、汎用的な機能、つまり「できること」だけを切り出して定義するのが普通。そして、それをクラスがincludeして利用する。そのためモジュールには、**Eatable**（食べることができる）、**Walkable**（歩くことができる）といった命名をするのが一般的である。

020 length

名 文字列の数や配列の個数　➡類義語 021 size

まさかlongの名詞形がlengthというスペルになるとはな

　プログラミングでは主に文字列や配列の長さを取得するときに使う。たとえば、Javaの文字列の大きさを取得する場合にlengthメソッドが使える。また、Rubyの配列の個数を取得するのにもlengthでOK。

　言語や実装次第では、配列の要素数を取得するのに次項の（➡ 021 size）を使う場合も多い。

　ちなみに、ごくまれにlenと略された変数名で出現することがある。

Example

Javaで文字列の大きさを取得する。

```
jshell> var str = "エンジニア";
str ==> "エンジニア"
jshell> str.length();
$2 ==> 5
```

　Rubyで配列の個数を取得する。以下の例のnumsはもちろんnumbersの略である。

```
irb(main):001:0> nums = [18, 29, 36, 12]
=> [18, 29, 36, 12]
irb(main):002:0> nums.length
=> 4
```

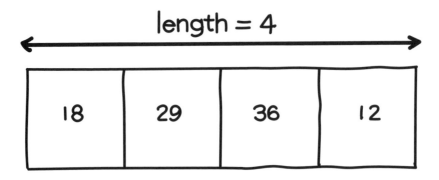

021 size

名 データの大きさ、配列などの個数　　●類義語 020 length

lengthのオシャレ形、size！

　lengthとほぼ同義で使われるが、lengthよりsizeのほうがオシャレ感がある。オシャレ言語のRubyにもたしかに**length**メソッドがある。けれども、Rubyではメソッドに別名をつけられるalias（エイリアス）という機能があり、**length**のエイリアスとして**size**という名前を使うこともできる。そしてRubyでは、その別名であるsizeのほうがどちらかというとよく使われているイメージがある。

　さらにサイズに関する余談。私にとって「サイズ」という単語の最も格好良い使用例は漫画『スラムダンク』における田岡監督の「宮城（リョータ）は確かに県内でも五指に入るガードだが……サイズ・パワー・リーダーシップ・経験……あらゆる面で牧が上回っている……!!」という台詞。小学生の自分には、この「サイズ」が体格を表わしていることがよくわからず、靴のサイズかな？　と大幅な勘違いをしていた。

Example

　Rubyで**size**メソッドを使う。

```
irb(main):001:0> nums = [1,3,5,7,9]
=> [1, 3, 5, 7, 9]
irb(main):002:0> nums.size
=> 5
irb(main):003:0> str = "プログラミング英単語"
=> "プログラミング英単語"
irb(main):004:0> str.size
=> 10
```

💡 **sizeとlength**：解説のスラムダンクの話はあながち無駄話でもなく、程度の表現としてbigやsmallが自然なものにsizeが使われるイメージの定着を図っている。lengthはlong/shortで表わされる。

022 range

名 幅、守備範囲

「レンジが広いですね」と言われるとうれしいですね

　rangeは「幅」という意味だ。RubyのRangeクラスは非常に便利。[1,2,3,4,5,6,7,8,9,10]という配列を1..10のように書ける。Python言語は、for文の範囲をrange関数で指定するという特徴がある。

　一般に「レンジが広い」といった形で使われる場合、その人の守備範囲やスキルの幅が広いという意味での褒め言葉である。特にIT業界では、技術に対する深い知識がなくとも、言葉だけの知識でもって顧客の話に乗れるのは重要なスキルなのだ。加えて言えば私自身は、特に何かに精通して強いわけではないが、この単語帳のように、(IT) × (英語) × (作文技術) × (雑学) という風に「かけ算」によって価値を生み出そうとしている。

　RubyのRangeの話に戻ると、今日から一週間の毎日を(Date.today..(Date.today + 6))と表わすことができるのだが……すごくない？

Example

Python 3で0から2まで出力する。

```
>>> for i in range(3):
...     print(i)
```

実行結果は以下のとおり。

```
0
1
2
```

Rubyで今日から一週間分の日付を出力する。

```
require 'date'
weekdays = %w(日 月 火 水 木 金 土)
(Date.today..(Date.today + 6)).each { |day| print "#{day}(#{weekdays[day.
wday]}) " }
```

実行結果は以下のとおり。

```
2020-12-30(水) 2020-12-31(木) 2021-01-01(金) 2021-01-02(土) 2021-01-03(日)
2021-01-04(月) 2021-01-05(火)
```

023 join

動 参加する、結合する

最近、「ジョイン」「マージ」「アサート」みたいなIT用語が、
日常のビジネス用語化している気がする

　「本日入社しました○○です」という言葉は「今日ジョインしました○○です」という言葉に取って代わられた。この新しい表現は「一時的にその会社に合流するという意思表示」とも捉えられて、日本の終身雇用の終焉を表わしたものだと私は考えている。

　この例のとおり、ビジネス用語としては「参加する」や「合流する」という意味で多く使われるjoin。しかしプログラミングでは、どちらかというと「結合する」という意味で登場することが多い。特にSQLでテーブルどうしを結合する場面で最も使われているのではないか。ExampleのRubyのコードでは、配列のそれぞれの文字列を空文字区切りで結合している。

Example

　Rubyで、配列の中身を、空文字区切りで連結している。

```
irb(main):001:0> ["どこで", "誰が", "何を", "どうした"].join("")
=> "どこで誰が何をどうした"
```

024 union

名 合体、和、和集合

ヨーロッパ連合（EU）は「European Union」の略だ！

　集合論での和集合（union）は、算数における足し算、英語のorに対応し、$A \cup B$と書く。SQLでも、UNIONは「テーブルとテーブルをガッチャンコと合体させる」という感覚で、日本語ならやはり「足し算」と考えるのが適当だろう。100行と100行のテーブルのUNIONを取ると200行になる。

　余談だが、昔ある現場で、ある技術者が、特に何も考えずにデータの計算コードにSQLのJOINを含めたところ、そのプログラムが動かなくなった。原因はデータの量にあったのだ。SQLのJOINはラフに言えば「かけ算」に対応しており、1万行のデータを自分自身とJOIN（自己結合）させると、1万×1万で1億行のデータに化ける。その計算に時間がかかって、プログラムが「動かなくなったように見えた」のであった……。

　そんなJOINに対してUNIONはパフォーマンスは考慮する必要はあまりない。SQLでは高い頻度で出現するunionだが、通常のプログラミングでは案外見ないかもしれない。

Example

　Rubyで、unionメソッドを利用して、Set（集合）の和集合を求める。

```
irb(main):001:0> require 'set'
irb(main):002:0> set_a = Set.new([1, 3, 5, 7])
=> #<Set: {1, 3, 5, 7}>
irb(main):003:0> set_b = Set.new([2, 4, 6, 8])
=> #<Set: {2, 4, 6, 8}>
irb(main):004:0> set_a.union(set_b)
=> #<Set: {1, 3, 5, 7, 2, 4, 6, 8}>
```

025 merge

動 ひとつにする

いま最も勢いのあるプログラミング英単語、merge！

　令和のいま、ビジネス用語として当然のように使われるマージという言葉。ここに示した語義のとおり、「ひとつにする」「融合する」という意味で、いたるところで使われる。「この資料にそのアイデアをマージしておいてください」のように使える、非常に便利な言葉なのだ。

　join のときにも言ったけれど、最近はプログラミング用語がやたらとビジネス用語になってきたような気がする。けれどもやはり、IT業界以外では知らないひとも多い。無闇に使うものではないと私は考えている。

Example

　Ruby で2つのハッシュ（● **076** hash）をマージする。

```
irb(main):001:0> {a:1, b:2, c:3}.merge({d:4, e:5})
=> {:a=>1, :b=>2, :c=>3, :d=>4, :e=>5}
```

$\longrightarrow$ {a:1, b:2, c:3}　　　　　　{d:4, e:5} $\longleftarrow$

　$\longrightarrow$ {a:1, b:2, c:3}　　　　{d:4, e:5} $\longleftarrow$

　　$\longrightarrow$ {a:1, b:2, c:3}{d:4, e:5} $\longleftarrow$

合体！

{a:1, b:2, c:3, d:4, e:5}

> 💡 **Ruby のハッシュの記法**：Example では、Ruby のハッシュの書き方として{a:1, b:2, c:3}と{:a=>1, :b=>2, :c=>3}の2通りが使われている。これらはまったく同義である。一般的に前者の書き方が推奨される。

026 concat

動 文字列を連結する

そうは見えないが、実は略語であるconcat。
「文字列を結合する」という文脈で出没する

「連結する」という意味の英単語であるconcatenateの略、concat。発音は「コンキャット」、なんだか可愛い。プログラミングで出現した場合は、ほぼほぼ、文字列の連結であると解釈して問題ない。

なお、プログラミング言語によっては、+のような演算記号を用いて文字列連結を行うほうが一般的である場合も多い。

Example

Java言語で文字列結合を行う。

```
jshell> var str01 = "プログラミング";
str01 ==> "プログラミング"
jshell> var str02 = str01.concat("英単語");
str02 ==> "プログラミング英単語"
jshell> var str03 = str02 + "の決定版!";
str03 ==> "プログラミング英単語の決定版!"
```

MySQLでの文字列結合関数 **CONCAT**。

```
mysql> SELECT * FROM people;
+----+-----------+--------+------------+--------------+
| id | name      | gender | birthday   | atozuke      |
+----+-----------+--------+------------+--------------+
|  1 | 東京太郎  |      1 | 2012-12-11 | 川崎生まれ   |
|  2 | 横浜花子  |      2 | 2012-12-12 | 横浜生まれ   |
+----+-----------+--------+------------+--------------+
2 rows in set (0.00 sec)
mysql> SELECT CONCAT(name, 'さん') AS '氏名' FROM people;
+---------------+
| 氏名          |
+---------------+
| 東京太郎さん  |
| 横浜花子さん  |
+---------------+
2 rows in set (0.00 sec)
```

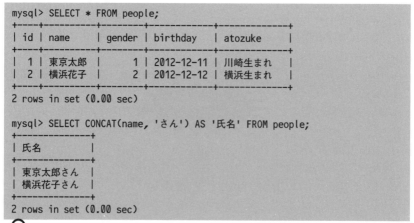

💡 Linuxのcatコマンド：catという名前自体が「連結する」を意味するconcatenateの略である。ファイル内容を出力するcatコマンドは、「ファイルを連結して標準出力に出力する」というのが本来の使い方であった。

027 append

動 文章の最後に追加する　⊙類義語 **008** add

一般的な追加はaddだが、文章の末尾に追記するのはappendだ！

⊙ **008** addに比べて文字列の追記という意味合いが強い。けれども最近は拡大解釈され、addとほぼ同じ感覚でappendという言葉が使われているキライがある。「このタスクを課題管理票にアペンドしておいて！」なんて言う上司がいれば、その方は意識が高いのかもネ（著者の偏見）。

とはいえ、オフショアの外国人の方に「ファイルに追記しました！」と伝えるときに「I have appended to your YAML file!」のようにメッセージを送れば良いので日頃から重宝している。

また、文字列の連結といえば、Java初心者は、前項でも説明した+を使いがちである。しかしJavaでの文字列の連結には、ふつうStringBuilderクラスの**append**メソッドを使う。+によるStringの文字列連結は非常に無駄が多く、コストが高いことは知っておかないといけない。

Example

JavaでStringBuilderクラスの**append**メソッドを利用して文字列結合を行う。3行目のようにメソッドを繋げて書く記述方法をメソッドチェーンと呼ぶ。

```
jshell> var sb = new StringBuilder();
sb ==>
jshell> sb.append("hogehog");
$2 ==> hogehoge
jshell> sb.append("foo").append("buzzbuzz");
$3 ==> hogehogfoobuzzbuzz
```

 オフショア：オフショア開発とは、人件費の安い海外の作業員や組織に、業務を委託して開発すること。

028 rel, relation

名 関係、テーブル間のつながり　⊙類義語 029 association

リレーショナルデータベースのリレーション。
実はこの単語には深い意味があるのだ——

　もう半世紀ほど、データベース界の主役となっているRDB（リレーショナルデータベース）。この「リレーション」とは「関係」という意味だ。RDBの基礎理論は「関係代数」という数学のいち分野である。であるからには、プログラミングには数学センスが不要でも、RDBの設計や操作には必要だと私は考えている。

　RDBの生みの親であるエドガー・F・コッド博士が、「関係」に「リレーション」という単語を採用した動機が興味深い。当時のアメリカの最大の関心事がニクソン大統領により正常化されつつあった米中関係（relations between USA and China）であったので、「リレーション」という単語を選んだのだという（増永良文『リレーショナルデータベースの基礎：データモデル編』1990年、オーム社）。うーん、ロマンチック！

　話は戻って、この単語も「関係」を示す言葉として rel と略されて、変数名などに使われることがある。

Example

　HTML 5での link タグの使用例。ここでは今のHTMLファイルとそのリンク先となるCSSファイルとの関係を、rel 属性として記述している。

```
<link rel="stylesheet" href="test.css" >
```

💡 a タグの話：link タグが出てきたので、Webサイトでハイパーリンクを生成する a タグについての小話。リンクを生成するのになぜ a なんて不思議なアルファベットを使うのかというと、anchor（錨）の略だからという節が有力らしい。そのリンク先のコンテンツにがっちりと結び付いている錨というわけ。

029 association

名 つながり、協会 ●類義語 028 rel, relation

relationとほぼ同義、association！

　relationとほぼ同じ意味の言葉としてassociation（アソシエーション）を使う場合があり、やはり、テーブルどうしの関係やつながりを表わす。そして、RailsやLaravelといった主要なMVCフレームワークで、モデルどうしの関係に「has_manyアソシエーション」や「belongs_toアソシエーション」といった言葉を使う。

　また、「協会」という意味もあり、ITの資格には「アソシエイト」という言葉がよく出てくる。これは「協会」つながりで「仲間」や「同僚」といったニュアンスが込められている。AWSのアソシエイト認定資格といえば、「AWSに関して『目的が一致している仲間』として認める」という資格である。

Example

　Laravelで**associate**メソッドを使い、「belongsToアソシエーション」をセットする。

```
$account = App\Account::find(10);
$user->account()->associate($account);
$user->save();
```

アソシエイツ

オレたち なかま!!

💡 **MVCフレームワーク**：Model（モデル）、View（ビュー）、Controller（コントローラ）から構成されるWebアプリケーションフレームワークを指す。この中でModelクラスはDBのひとつのテーブルに対応する。Webアプリエンジニアになるためには概念の取得が必須となるフレームワーク型である。

Column
コードでは見かけない、
業務上頻出単語3選！

　プログラミング上ではお目にかからなくとも、IT業界ではめっちゃ使われる英単語があります。本書の150語にノミネートされながら涙をのんだ、IT界の重鎮単語を3つ紹介します。

evidence（名 キャプチャ、根拠）

　私が業界に入ってはじめての作業は、事務作業用の簡単なツールの作成でした。そして、その実装が終わったときに、上司に「テストをやってエビデンス取っておいて」と言われたのを鮮明に覚えています。そして、私の脳内では「エビデンス」→「証拠」→「キャプチャ」と面倒くさい変換が行われたのです。

　プログラマにとってのエビデンスは「キャプチャ」ですが、技術職ではない場合、意味は変わります。「エビデンスを示してください」などと言われた場合は、「根拠となる統計的なデータ」がエビデンスですので、注意してください！

pending（名 保留）

　「ペンディングにしておいてください！」と言われた場合、その意図は「後で確認するのでとりあえず放置しておいて」ということになります。

　IT業界では「仕様の確認の要望」が多く発生するので、あっちこっちでペンディング（宙ぶらりん）が起きます。Excelやスプレッドシートでよく作成される課題管理票などでは、そのステータスの要素としてだいたい「ペンディング」が含まれますね。

　Excelでふと思い出したのですが、私が「職業はプログラマとかITエンジニアと言われるやつです」と言うと、「コンピュータのお仕事なんですね一。そしたらWordとかExcelとか得意なんですね」返ってきて、なんでやねーん！と思うことはたまに起きます。

domain （名 領域）

「ドメイン」という言葉はIT界ではめちゃくちゃ出てきますが、プログラミング上ではあまりお目にかかりません。「領域」という意味です。

特にネットワークでの、ある部分領域をドメインと呼び、FQDN、つまり「Fully Qualified Domain Name（絶対ドメイン名）」というのが、サーバの一意の名称（住所）になります。

また、「ドメイン知識」という言葉はその領域（業務）に関わる知識という意味でも使用されます。例えばプロジェクト参画直後のメンバが「ドメインがわかりません」と言えば「物理名と論理名（業務用語）の対応がわからない」といった感じに受け取ることができます。

Chapter

3

生産や前進を
表わす単語

030 gen, generate

動 時間と労力をかけて生み出す　●類義語 001 create

たまに「gen」と略されていることがある。
「ゲンってなに！？」となればgenerateのことだ！

「発電機」を意味する「ジェネレータ」のgenerate。意味はそのまま「なにかを生成する」で、createとほぼ同義で使われるものの、印象は少し異なる。● 001 createが無からの創造なら、generateはなにかを代償にして生み出している感じだ。魔術のようにパッと現れるのがcreateなら、generateには時間もかかる。

Ruby on Railsでは、モデル、コントローラ、マイグレーションファイルなど、さまざまなファイルのひな形を、**rails generate**コマンドで生成できる。

冒頭の紹介文にも書いたように、「gen」と略されるが……ぱっと見でははっきり言ってわからない。たとえば「keygen」であれば生成するものは公開鍵だったりする。仮に「MovieGen」といった言葉があれば、「動画を生成するツールやエンジン」だと予想がつくようになるといい。

Example

公開鍵と秘密鍵の鍵ペアを生成する。

```
$ sh-keygen -t rsa
Generating public/private rsa key pair.
```

Railsでのマイグレションーンファイルを生成する。

```
$ rails generate migration createUsers
invoke  active_record
create  db/migrate/20201229183418_create_users.rb
```

031 fetch

動 行って取ってくる　→類義語 002 get

普段見かけない単語だが、ITの開発現場では頻繁に使われる

　getと近い意味のfetch。「フェッチ」と発音する。getよりもよりアクティブに取りに行くという意味合いが強い。私は高校英語で習った記憶はないのだけれど、IT界ではわりとよく使われる。

　XMLHttpRequestに代わるFetch APIの登場により、JavaScriptでのリソース取得がより強力で柔軟になりました。

Example

　JavaScriptでYahoo! JAPANのホームページのリソースを取得する。

```
import fetch from 'node-fetch';
fetch('https://www.yahoo.co.jp')
    .then(res => res.text())
    .then(body => console.log(body));
```

　実行結果は以下のとおり。→ 002 getのcurlコマンドを利用した場合と同じものを取得しているのがわかる。

```
<!DOCTYPE html><html lang="ja"><head><meta charSet="utf-8"/><meta http-equ
iv="X-UA-Compatible" content="IE=edge,chrome=1"/><title>Yahoo! JAPAN</titl
e><meta name="description" content="あなたの毎日をアップデートする情報ポータ
ル。検索、ニュース、天気、スポーツ、メール、ショッピング、オークションなど便利な
サービスを展開しています。"/>...
```

032 factory

名 インスタンスを生成する工場

デザインパターンのひとつ、「ファクトリパターン」は有名！

「工場」の意味のfactoryだが、IT業界だとファクトリーと伸ばして発音しない。プログラム設計パターン（デザインパターン）のひとつ、「ファクトリパターン」で有名な単語。詳しく言えばファクトリパターンにもいくつか種類があるが、ここでは詳細は述べない。ともかくプログラム上でこの単語を見かけたら、そのあたりでインスタンスが生成されている可能性が高い。

また、「デザインパターン」の「デザイン（design）」が、IT業界においてほぼほぼ「設計」という意味で使用されることも同時に理解しておこう。「デザイン」が一般的に「物品の外観」として使われることとは乖離がある。

Example

トヨタのファクトリがカローラのインスタンスを生成している様子。

```
Factory factory = new ToyotaFactory();
Car corolla01 = factory.create("カローラ");
Car corolla02 = factory.create("カローラ");
Car corolla03 = factory.create("カローラ");
Car corolla04 = factory.create("カローラ");
```

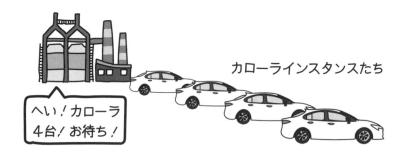

カローラインスタンスたち

へい！カローラ 4台！お待ち！

💡 **デザインパターン**：ソフトウェア開発における「デザインパターン」とは、過去のソフトウェア設計者が発見し編み出した設計ノウハウを蓄積し、名前をつけ、カタログ化したものである。最大の利点は、そのカタログ化（言語化）によって技術者どうしの会話がスムーズになるところだ。

033 construct

動 オブジェクトを新しく生成する　→ 関連語 089 init, initialize

Javaの初学者の壁になりがちな「コンストラクタ」のconstruct

　オブジェクト指向プログラミングでよく使われるコンストラクタ（constructor）は、「建設する」を意味するconstructから来ている。「under construction」であれば「建設中」という意味だ。

　つまり、オブジェクトの属性の初期値を設定して生成するのがコンストラクタなのだけれど、プログラミングの初学者に理解されづらいかも。語源からの理解は次項 → 034 composeを参考にしよう！

Example

　Javaでコンストラクタを実装する。

```
public class Employee {
    // これがコンストラクタ。社員Noと名前の初期値を登録して生成する
    public Employee(var no, var name){
        this.no = no;
        this.name = name;
    }
    private String name;
    private int no;
}
```

💡 **オブジェクトとインスタンス**：ここまで「オブジェクト」と「インスタンス」という言葉をあまり使い分けてこなかったが、たいていはほとんど同義と考えてよく、インスタンスのほうが少しだけ「具現的」なイメージである。本書でもそのときどきの私の感覚で使い分けている。

034 compose

動 構成する

Dockerの出現でまたたく間にIT界の仲間入りを果たしたcompose！

通常、楽曲や小説などを「構成する」際に使われるcompose。私は趣味で小説を書いたりするので構成には気を付けているつもりなのだが、なかなか難しい。芸術の構成はシステムの設計に対応するくらい重要な作業なのだ。

Dockerというコンテナ技術の補助ツールとして登場したDocker Composeの出現によってプログラマの間でも当たり前になりつつある単語でもある。

ところで、composeのように「com」や「con」ではじまる英単語というのはたくさんある。語源から説明すると、この「com」や「con」はラテン語で「with（一緒に、ともに）」なのだが、私の中には「中心方向への結合」というイメージができている。「丸めcom（込む）」だけにcom。なんちゃって……。

……ともかく、「com（中心方向への結合）＋pose（形作る）」ということで「構成する」なのだ！

Example

これまでに本書で登場した「com」「con」ではじまる単語をおさらいしておく。

まずは ● 018 contain。

con（中心方向への結合）＋tain（保つ）＝ contain（包み込む）

続いて ● 026 concat（concatenate）。

con（中心方向への結合）＋catenate（鎖で繋ぐ）＝concatenate（連結する）

そして ● 033 construct。

con（中心方向への結合）＋struct（構成する）＝construct（建設する）

💡 **Docker**：ここ数年で猛烈な進歩を見せているコンテナ技術。簡単に言えば、環境をまるでソースコードのようにダウンロードしてコンピュータ上の個々のアプリのプラットフォームとして使用できる。それによって、ひとつのローカルPC上で、例えば、MySQL5.6とMySQL8といったバージョンの異なるツールを、同時に動かすことも可能となる。

035 skip

動 処理を飛ばす　● 類義語 036 continue

スキップしてる人なんて、ミュージカルでしか見たことないですわ

　普段スキップしている人を見ることは、まずない。もしそんな人がいれば、脳みそがバラ色な状態か妙にハイテンションなのだろう。

　プログラムでは、ある処理を飛ばしても平気な場合に「スキップ」することがある。ただし、「スキップしたためにその後の処理が通らなかった」なんてことはありそうである。

　そして、● 036 continueや ● 037 nextはこのスキップを命令する際に使われる。とはいえ会話のなかで単にcontinueやnextといってもはしっくりこないので、エンジニアどうしの会話では「スキップ」と言ったほうが伝わりやすいかもしれない。

Example

　エンジニアどうしの会話例。

先輩「ここの処理さ、continueでスキップさせないといけないんじゃない?」

後輩「ああ、たしかにそうですね。抜けてました。ありがうございます」

💡 goto文:VBAなどには、gotoで示された場所へと処理が移動する、まさにプログラム内をポンポンと「スキップ」させるような古代の記法がありました。ただしこれを使うと、いわゆる「スパゲッティコード」、つまりほとんど解読不可能なプログラムとなりがちです。そのため現在ではgoto文はまったく推奨されていません。

3

生産や前進を表わす単語

036 continue

動 処理を続行する　→類義語 035 skip

C言語を筆頭に「繰り返し処理の続行」に使われる英単語、continue

　多くのプログラミング言語で、繰り返し処理における「処理の続行」には
continueが使われる。けれども、「処理の続行」なのに、そのターンの
continueより後ろの処理はスキップされて、なんだかしっくりこない。
　そこで本書独自の提案だが……continueは「next and continue」と読み
替えると、受け容れやすいのではないかと思う。つまり、「次のターンに移
動して、処理を続行する」のをプログラム文脈上のcontinueとするのだ。
　次項のnextも同じように補完してみよう！

Example

　Javaで奇数だけを無限に表示させる処理を書くとこんな感じ！

```
var i = 0;
while(true) {
    i++;
    // 偶数時はループのその回の処理が飛ばされる
    if(i % 2 == 0) continue;
    System.out.println(i);
}
```

　実行結果は以下の通り。

```
$ javac PrintOdd.java
$ java PrintOdd
1
3
5
7
9
11
13
...
```

💡 **i % 2 == 0**：本書はJavaの文法書ではないのだが、Exampleのプログラムを
簡単に解説しよう。「%」は多くのプログラミング言語で「左を右の余り」を演算す
る記号である。よって、2で割った余りが0のときに処理が飛ばされるため、奇数
のみ出力される。

037 next

動 次の繰り返しに移る、右矢印　● 類義語 036 continue

JavaやPythonなどのcontinueはRubyではnextだ！

　prev（previous）が前なら、nextは次を意味する。そしてRubyでは、「繰り返しの次のターンに移る」ときにnextを使う。

　というわけで、このnextも前項 ● 036 continueのように「next and continue」と補完してみよう。そうするとやはり、「次のターンに移動して、処理を続行する」という意味合いが明確である。こうすると、言語によって、continueやnextと言葉の揺らぎがあっても包括して解釈できる。

　なお、まったく違う話だけれど、Webページ上の右矢印のアイコンを命名するときにも、このnextが使われることが多い。

Example

Rubyで奇数だけを無限に表示させる処理を書くとこんな感じ！

```
i = 0
loop do
  i += 1
  # even?は偶数かを評価するメソッド
  next if i.even?
  puts i
end
```

　ページング機能の左矢印には「prev」、右矢印には「next」という名前（id）が付けられていることが多い。

💡 **ページング**：あまり馴染みのない「ページング」という言葉だが、これは「paging」、すなわち「ページをめくる」という意味だ。Web開発においてはたくさんの項目をページに分けて表示する機能の名前として使われる。Web開発では知っていて当然の言葉だ。

038 dev, development

名 開発　●関連語 087 env, environment

私はLinuxのパッケージに出てくる「devel」をデビル（悪魔）だと
勘違いしていた。だってデーモンとかあるじゃないっすか、Linuxには

　dev、develという単語は「開発環境」とか「開発中のもの」を意味する
と考えていい。ただし、Linuxのパッケージで末尾に「devel」と付いてい
るのは「コンパイルに必要なものがまるっと含まれているパッケージです」
という意味で、「開発中のパッケージ」ではない。言うなれば「開発のための」
パッケージだ！

　Rails、Laravelともに、オプションなしでは「開発モード」で起動するの
だが、Railsでは、`rails server -e production`とすることで、Laravel
では、`php artisan serve --env=production`として、環境変数など（例
えば接続先のDBのIPアドレス）を切り替えた「本番モード」としてアプリ
を起動できる。そのような簡単な操作でアプリの実行モードを切り替えるこ
とはかつて困難であったが、それをRailsが解決した。

💡 デーモン：デーモン（Daemon）はLinuxなどのUNIXシステムにおいて動作す
るプロセスの一種で、主にバックグラウンドで動くものを指す。デーモンとはギリ
シャ神話に登場し、細々とした雑事の処理を請け負い、神々を助けた存在である。
IT界ではそういった神話由来の言葉も少なくない（たとえば「ケルベロス認証」と
いう認証方式のKerberosなど）。

039 progress

[動] 進行する

進行を意味するprogressはログでよく見られる単語だ！

「プログレスバー」のprogressは「進行」を意味する。つまりプログレスバーは「進行状況をあらわす棒」である。このprogressもそうだが、pではじまる単語には「前向きに進む」系が多い印象が私にはある。たとえばproceed（続行する）、positive（積極的）、pioneer（開拓者）などだ。

このように、学習を進めていると、自分の中で「このアルファベットはこういったイメージが強い」といった対応関係のようなものができてくる。読者のみなさんも自身の中で、こういった対応イメージを構築できていけるとベリーグッド。

Example

HTMLには、プログレスバーをあらわすための**progress**タグが存在する。以下の例はシンプルだが、このタグとフロントエンドのプログラミングで、もっと高機能なプログレスバーを作成することもできる。

```
<p>ダウンロードの進捗</p>
<progress value="70" max="100"></progress>
```

ダウンロードの進捗

フロント：IT業界では、「フロント」「フロントエンド」という言葉が「ブラウザ上の」といった意味で使われる。ブラウザ上で動く言語はJavaScriptしかなく、そういう意味では世界で最も使われている言語はJavaScriptかもしれない。フロントエンド開発とはどういうことかを説明するのは難しいが、ブラウザで表示しているWebページの部品を「ガッチャンガッチャン」と動かしたり、作ったり、消したりするプログラムを書く作業と言える。

040 complete

動 正常に完了する　→関連語 010 success

収集がコンプリートしたときに「コンプした」と言うことがあったけど、
もう死語っぽいよね

　プログラマが好きな単語のひとつcomplete。また、収集家がなんらかの
アイテムをすべて手に入れたときに「コンプリートした」と言うことがある。
　ただし気を付けてほしい。ITの現場で「修正などがとりあえず完了した」
という言葉を聞いたとしても、実は作業者が確認工程を省いていて、実際に
は半分程度しか終わっていないなんてこともよくある。ユニットテストが書
かれていなかったり、動作確認がされていなかったり、レビューに通ってい
ないような場合、3割程度しか完了していないと思っていたほうがいい。プ
ログラマの言う「とりあえず完了した」を信用してはいけない。

Example

　インストールなどが正常に完了したとき、以下のようなおめでたい文言が
あらわれる。

```
congratulations!! successfully completed!!
```

💡 イメージが意味不明な人のために：名作漫画『ドラゴンボール』では7つのドラ
ゴンボールを集めると（コンプすると）、神龍なる龍が登場してどんな願い事でも
一つ叶えてくれる。

041 launch

動 アプリを起動する、サービスを開始する

「私のときはFORTRANにパンチカードよ！」

　ロケットを「打ち上げる」のlaunchで、アプリやシステムの初回リリースをローンチと呼ぶ。また、コンピュータ上でのアプリの起動にもローンチという言葉が使われることがある。

　ロケットといえば、宇宙開発におけるプログラムにはFORTRANという世界で最初の高水準なプログラミング言語が使われるイメージがある。その昔、私は還暦前くらいのパートのおばちゃんと一緒に働いていたことがあったのだが、そのおばちゃんは国立大学の電子情報学科出身らしく、「私のときはFORTRANにパンチカードよ！」と言っていた。私のほうはといえば、「パンチカードってなんすか？」と返したのを覚えている。

　後にも先にも、あのおばちゃんより仕事のできる人を私は知らない。

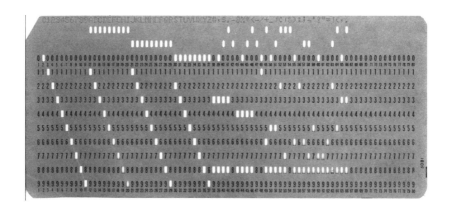

💡 パンチカード：このカードに機械語が記録されている。とにかく読み込むのに時間がかかり、デバッグが大変だったらしい。が、極めつけは、このカードは物理的なものであるため、われわれが普段イメージするコンピュータのデータと違って「劣化してしまう」というところ。デジタルとアナログの混同が良いっすね（磁気ディスクも劣化するんだけどさ）。

042 implement

動 実装する

impやimpl、impleという略語を見かけたら、
それはimplementation（実装）の略だ！

　現場において、プログラミングする作業を「実装」と呼んだり「製造」と呼んだりする。「工場で実際に機械が組み立てられる工程」といったイメージだろう。そしてその機械の設計図を書くことが「デザイン」。以前はこのデザインこそがシステムエンジニアの仕事であり、製造はプログラマの仕事であるという棲み分けが実際にあった（今でもあるところはある）。

　けれども、現在の多くの現場ではいずれも「ITエンジニア」とひとくくりに呼ばれ、デザインもプログラミングもすることのほうが普通だろう。さらに言えばインフラやツールの選定まですべてを行える技術者も存在していて、そういう技術者こそ「フルスタックエンジニア」と呼ぶべきではないだろうか（フロントとサーバ側の両方の実装ができる技術者をフルスタックエンジニアと呼ぶ流儀もある）。

Example

　Javaでのインターフェースを実装する例を考える。まず**Employee.java**で従業員インターフェースを定義する、つまり、「従業員」という概念の約束事だけを決める。

```
public interface Employee {
    void work();
}
```

　そして**Engineer.java**で技術者クラスを定義する。すなわち「従業員」の概念から具体的に「技術者」の設計を詳細に詰め、パブリックメソッド**work()**を実装している。

```
public class Engineer implements Employee {
    public void work() {
        design();
        program();
    }
    private void design() { System.out.println("設計じゃ！"); };
    private void program() { System.out.println("プログラミングじゃ！"); };
}
```

043 sanitise

動 解毒する、無害化する

セキュリティ用語の「サニタイジング」は「解毒」という意味だ！

SQLインジェクション対策として、SQL文中で意味がある「'」のような文字のエスケープ処理を「サニタイジング」という。解毒する、ひいては無害化するということである。

現実のWebアプリケーションの開発では、ほとんどの場合なんらかのWebフレームワークを利用する。そして、たいていのフレームワークにはサニタイズ機能がついているため、自前で実装することあまりないかもしれない。が、生のPHPで書く場合には、絶対に意識しないといけないことだ。

とはいえ、やはり（学習目的は別として、本番では）セキュリティまわりの機能は、可能であれば自分で実装せず、いろんな人のチェックが入っているライブラリを使うべきである。

Example

やっちゃいけないけど、SQLインジェクション攻撃とはこんなイメージ。

年齢、つまりただの半角数字が入るからと、以下のSQLの**upper**のところに検索ボックスの文字列をそのまま入れるような実装をしてしまうと……。

```
SELECT * FROM users WHERE gender = 'female' AND age <= upper;
```

検索ボックスに**30; delete from users;**と入力されてしまった場合、**delete from users**が実行され（→ 009 del, delete）、ユーザ情報がすべて吹っ飛んでしまう！

```
SELECT * FROM users WHERE gender = 'female' AND age <= 30; delete from users;
```

 生のPHP：フレームワークやライブラリを利用しないで書く場合、「生（なま）のPHP」とか「生（なま）のJavaScript」で書く、という言い方をすることがある。

3

生産や前進を表わす単語

洋書は難しい？

　はっきり言います。プログラミング関連の洋書が読めないなら、その他の洋書は絶対読めません。なぜなら、次の2つの理由から、洋書の中で最も敷居が低いのがプログラミング関連の書籍と言えるからです。

- プログラミング関連の洋書は半分以上がソースコードである
- ソースコード以外の説明の箇所でもカタカナ語として普段使用しているものが頻出する

　まず前者。プログラミング関連の本なんて、ほとんどソースコードでできています。日本語の書籍もそうですよね。ですので、エンジニアとして普段その業務に就いていれば、その時点で洋書の半分以上の箇所は読めるということです。これほどのアドバンテージは他にないでしょう。

　後者もまた簡単に想像できると思います。エンジニアは普段から「オブジェクト」とか「メソッド」とかいった言葉を使っていますが、プログラミング関連の洋書には、ソースコード以外の箇所でもobjectやmethodという言葉が頻繁に出現します。

　ということはですよ。プログラミング関連の洋書に出てくる英単語はほとんど馴染みのあるものなんですよ。それに対してたとえばアメリカ文学の作品であれば、知ってる単語よりも知らない単語のほうがずっと多く出てきそうですし、その難易度も高いはずです。したがって、「洋書の中で最も敷居が低いのがプログラミング関連」と言えるわけです。

　洋書なんて読む必要があるのかな？　と思う読者もいるかもしれません。たしかに、大抵は読まなくとも困らないでしょう。けれども、著名な書籍やニッチな技術、最新のバージョン対応したものが読みたい場合だってあります。であれば、日本語という条件を取り払ったほうが自由です。

　さらに言えば、英語を使う場面は本を読むときだけではないことを、みな

さんよくご存じのはずです。エラーを調べようと思って、そのエラー内容でそのまま検索すると、英語で書かれた掲示板に到着するケースはよくあります。そんな場合にも普段から洋書に慣れておけば問題はありません。

　ITだけできる人はたくさんいます。英語のみできる人も多く存在します。けれども、（IT）×（英語）となるとかなり絞られてきます。● 022 range でも少し書きましたが、そういった積によって自分自身をレアにしていくことは、今後の難しい世界を行っていく上で必須になってくるでしょう。

　そんなとき、あなたの英語は生涯、あなたを助けてくれます。

Chapter
4
終了や停滞に関わる単語

044 blank

形 文字が書かれていない、空欄の

emptyとの区別が紛らわしいblank！

blankとemptyは両方とも「空」という意味。ただしRailsの**blank?**メソッドは、Rubyの**empty?**メソッドと少し違う。半角スペースだけでできた文字列に対して、**blank?**は**true**を返す一方、**empty?**は**false**を返す。このことは、Javaの**isBlank**メソッドと**isEmpty**メソッドも同様。

ただ、これはなかなかわかりづらい。以下のイメージのように、blankは「白紙」、emptyは「空の袋」と暗記してしまってもいいだろう。

Example

JavaのStringクラスのインスタンスメソッドである**isBlank**と**isEmpty**の動き。

```
jshell> " ".isBlank();
$1 ==> true

jshell> " ".isEmpty();
$2 ==> false
```

💡 **Railsのblank?メソッド**：Webフレームワークである Ruby on Rails には、このblank?メソッドのようにRuby自体に定義されていない独自メソッドが多くある。

045 remove

動 取り除く、削除する　⊙類義語 **009** delete

Linuxコマンドの「rm」はremoveの略だ！（ドヤ顔）

　二大消す系IT英単語といえばremoveとdeleteだが、こちらもはっきり言ってしまうと紛らわしい。私はJavaではたいていremoveが、Rubyではたいていdeleteが使われる……と暗記している。

　Linuxのファイル削除コマンドである**rm**もremoveのことだ。ついでに、**cd**ならば「change directory」。さらについでに、オプションに出てくる**-x**はexecute（実行する）やextract（抽出する）を意味したり……こういった由来を知っておくと覚えるのも早くなるだろう。

　remove自体の語源を見てみよう。「re」という言葉には「再度」「後ろ」という意味があり、「後ろに動かす」から「取り除く」になったようだ。英単語そのものだって、語源から知っておくと理解が深まるケースは多いと言える。

Example

　Linuxの**rm**コマンドの使用例。オプションの**r**はrecursive（再帰的）から来ており、**f**はforce（強引に）。すなわち、「ディレクトリごと、忠告なしでまるっと削除する」という意味である。

```
$ rm -rf
```

とりあえず、移動したけど（move）　よいしょっと

やっぱり、後ろに移動しよう（remove）

046 quit

動 やめる、アプリを終了する ⮕類義語 047 exit

なにかを中止したくなったら、q（quit）やexitをとりあえず叩く

「やめる」「終了する」のquit。それゆえLinuxのCUIアプリを終了する際には、「quit」やその略である「q」を入力させられることが多い。Linuxでのデフォルトエディタとも捉えられるviエディタの終了にも「:quit」というコマンドを使う。

Linuxなどのコンソール上でいつの間にかviエディタに入っていたりすることはよくある。なんだか知らないCUIアプリから出られなくなった！ そんな場合にも、とりあえず「:q」を叩けばワンチャンあるかも！

ちなみに、ここで出てきた「CUI」は「Character User Interface」の略、すなわち「文字だけの画面」。対してGUIは「Graphical User Interface」である。

Example

viエディタの起動方法は**vi ファイル名**。このあと ⮕ 050 closeで使う以下のようなファイル名を作ってみる。

```
$ vi close_vi.txt
```

viエディタに入ったら、**i**を押下することでINSERTモード（挿入モード）となり文字を記述できるようになる。その後適当な文字列を打ち込んでみる。

```
testtesttesttesttest
```

終わったら Esc キーを押下してINSERTモードを終了させる。続いて **:** を押すと下部にコマンドを打てるようになるので、**wq**と入力して Enter を叩こう。テキストを保存してアプリを終了できる。**w**はwriteの略で上書き保存。**q**は当然quitの略である。

💡 **viエディタ**：ほとんどのUNIXシステムにデフォルトで用意されているエディタで、SSHでログインしたサーバを操作する際など、どうしても使わなければならないことも多い。業務内容によっては、viエディタの基本的な操作を覚える必要があるということだ。

047 exit

動 （プログラムから）脱出する　●類義語 046 quit

中学英語でも対として習うenterとexit。
プログラムに「入る」とプログラムから「出る」だ

● 046 quitで解説した「q」や「quit」が反応しなかったら、次は「exit」
も試してみよう。もう一枚宝くじは残されている。あきらめるのはまだ早い。
……それでも駄目な場合はググるしかないね。

Exampleに示したように、MySQLのコンソールに入った場合や（推奨さ
れていないが）suコマンドでスーパーユーザになった場合などに、**exit**で
脱出することができる。また、C言語を筆頭に、**exit**関数によってプログ
ラムを終了させる言語も少なくない。

Example

MySQLのコンソールを終了する。

```
mysql> DESC char_test;
+-------+---------+------+-----+---------+-------+
| Field | Type    | Null | Key | Default | Extra |
+-------+---------+------+-----+---------+-------+
| id    | int     | YES  |     | NULL    |       |
| code  | char(4) | YES  |     | NULL    |       |
+-------+---------+------+-----+---------+-------+
2 rows in set (0.00 sec)
mysql> SELECT * FROM char_test WHERE code=1111;
+------+------+
| id   | code |
+------+------+
|    1 | 1111 |
+------+------+
1 row in set (0.00 sec)
mysql> exit;
Bye
```

💡 **SQLの方言**：Exampleでは意図的に、固定長文字列CHAR型のカラム**code**を整
数値で検索して、それがヒットしている。このような型が曖昧な検索が出来るのは
MySQLくらいで、エラーになるデータベースが多い。こういったものを「SQLの
方言」と言ったりする。ちなみにMySQLの方言はExampleのように結構いい加
減。かたや、PostgreSQLは標準SQLに近い。PostgreSQLはきっちり標準語で
書いてやらないとすぐ怒る、お固いやつなのだ。

4

終了や停滞に関わる単語

048 conflict

名 修正と修正の衝突

IT界でコンフリクトといえば、
99%バージョン管理ツールに関わる事項である

「衝突」という意味のconflict。IT界においては、GitやSVNなどのバージョン管理ツールを使っている際、同じタイミングで同じファイルの同じ場所に修正が入ってコミットやマージができない状況を「コンフリクト」と呼ぶ。

バージョン管理ツールの主流がSVNであった頃、誰かがコミットするのが少し遅れるとしょっちゅうコンフリクトが発生したので、「さっさとコミットしろ！」という怒声が開発現場では響いていた。

Example

Gitのマージ時にコンフリクトが生じた様子。

```
CONFLICT(content): Merge conflict in ファイルa
```

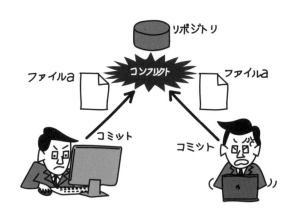

GitとSVN：10年ほど前までは、バージョン管理ツールといえばSVNだったが、現在多くの現場で採用されているのはGitである。根本的にその管理の方法はまったく異なるが、コンフリクトのイメージは上図のように思っていて問題ない。実際にはこの絵はSVNのイメージである。

049 fault

名 欠陥　→類義語 **011** error

普通、何か欠陥があれば処理は中断されますよね？

テニスや卓球でサーブミスしたときなどに叫ばれる「フォールト！」はこのfaultである。「欠陥」という意味のこの言葉はIT業務でもログなどにたびたび登場し、プログラムの欠陥や、その実行の失敗を表わす。具体的な「フォールト」には、後述の「セグフォ」などがある。→ **011** errorとほぼ同義だと思っていい。

「セグフォ」とは「Segmentation Fault」の略で、C/C++のメモリアクセス時のエラーである。同様の略語で「ぬるぽ」なるものがあって、こちらはJavaでほぼ毎日出会う「NullPointerException」の略。

基本情報技術者試験などの資格試験で頻出なIT専門用語、「フォールトトレラント（fault-tolerant）」のtolerantは「寛容」という意味なので、直訳すれば「欠陥に寛容」という意味となる。つまり、「フォールトトレラント」はシステムの一部に異常が生じた場合、規模は小さくなろうともシステム全体としては機能し続ける、ということを表わす言葉である。

💡 **ぬるぽ**：null が格納されている参照型変数が、本来の参照先を参照しようとすると起きる。例えば次のコードで発生する。String str = null; str.length();

close

動 接続を切る、資源を解放する　➡関連語 **051** stream

この業界には、「開いたものは閉じなきゃならない」
という面倒な決まりがあるのだ！

いったん開いたものは閉じなくてはいけないのがIT界の掟。この単語を見たら、「何かとの接続を切っている」か「ファイルの読み書きに使用した資源を解放している」と理解してだいたいOK。

逆に言えば、クローズし忘れることでメモリリークが起こり得る場合もある（➡ **101** finally）。ビジネス英語の「クローズする」もこのcloseで、課題などの問題が解決したことを示す。

Example

Python 3を使用して、➡ **046** quitで作成したファイル（close_vi.txt）を読み込んで書き出す。**open()** メソッドによって開いたファイルは**close()** メソッドで閉じなければならない。

```
>>> f = open("close_vi.txt", "r", encoding="utf-8")
>>> s = f.read()
>>> print(s)
testtesttesttesttest

>>> f.close()
```

Chapter

5

データやファイルに関わる単語

051 stream

名 データの流れ　●関連語 113 flush

パケット代のパケットってなんなん？ ホンマに。怒るでー

　ITの世界では、膨大な量のデータが行ったり来たりしている。そのデータの流れを抽象化したものを「ストリーム」と呼ぶことが多く、Javaではファイルの読み書きなどもストリームを介して行われる。また、ネットワーク上を行き来するデータの送受信で、データ全部の受信完了を待たずに次から次へとホイホイ送るような動画などの配信方式を「ストリーミング」と呼ぶ。

　ちなみに、ネットワークを行き来するデータはパケット（小包）に細かく分けられたうえで、流れている。これを知ることで、携帯の「パケット代」の意味をようやく理解できるのだ。

Example

　JavaScriptで、ファイルをストリームを利用して読み込む。ちなみに変数名chunkは「かたまり」という意味で、パケット同様にぶつ切りにされたデータ、といった感じである。

```
import fs from 'fs';
const stream = fs.createReadStream('close_vi.txt', 'utf8');
stream.on('data', chunk => {console.log(chunk)});
```

　実行結果は以下のとおり。

```bash
testtesttesttesttest
```

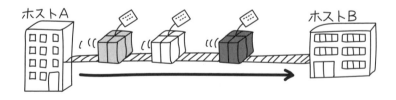

💡トラフィック：インターネット上でのインフラの選定などで、「トラフィック（traffic）」という言葉は頻出だ。trafficとは「交通」という意味の英単語で、ネットワーク上を行き来する時間単位のデータ量を指す。

052 import

動 ほかのファイルを取り込む ➡類義語 143 load

importは「輸入する」という意味で、
ほかのファイルを取り込むときに使われる

「輸入する」はimport、「輸出する」はexport。データをインポートしたりエクスポートすることは、業務上よくある。プログラムでほかのプログラムファイルをインポートして利用したりもできる。

JavaScriptにはEcmaScript 6（これは「JavaScriptのバージョン」と考えてほしい）からモジュール機能が追加されたため、**import**と**export**ができるようになった。これをきちんと理解していないとReact（JavaScriptのフレームワーク）アプリのソースコードなどが意味不明なのよね。

ただ、ここで言う「インポート」というのは、実際にプログラムを取り込むというより、「その外部プログラムへのアクセスを可能にするだけ」と考えたほうがわかりやすいかもしれない。実際にExampleの3言語では、インポートしてもソースコードの肥大化のようなことは起こらない。

Example

Javaで**java.util**パッケージの全クラスをインポートしている。

```
import java.util.*
```

Python 3で三角関数のためのメソッドをインポートしている。

```
from math import cos, sin, tan
```

JavaScriptの**react**モジュールから**React**クラスをインポートしている。

```
import React from 'react';
```

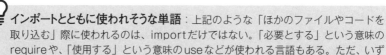
インポートとともに使われそうな単語：上記のような「ほかのファイルやコードを取り込む」際に使われるのは、importだけではない。「必要とする」という意味のrequireや、「使用する」という意味のuseなどが使われる言語もある。ただ、いずれもファイルの頭に記述されることがほとんどなので、これらの単語がファイルのトップにあれば「取り込む」ための命令と考えよう。

053 migrate

動 移住する、移植する　●関連語 086 schema

使い方を間違えると面倒くさい「マイグレーション」のmigrate

「移住」を表わす「マイグレーション」だが、IT界では主にデータベースの構造（スキーマ）を、ホスト言語の複数のファイルで持つことができる機能（データベースのDDLではなく、Railsであればrubyファイルで保持できる）をマイグレーションという。最近はどの言語の主要フレームワークでもマイグレーション機能があるので理解は必須だ。

マイグレーションファイルを流し込むことであっという間に環境が構築されるのは便利だが、使い方を間違えると面倒くさいやつでもある。というのも、マイグレーションの感覚が直感的に掴みづらいため、いったん間違えると、どう対応したらいいかわからなくなってしまうからだ。

そういうこともあって、Railsを使う現場によっては、ridgepole（リッジポール）というGem（Rubyのライブラリ）を利用して、1枚のファイルでスキーマ定義を行っている場合も多い。

以下、イメージではマイグレーションの特徴である「複数ファイルで保持」「ファイル名順に実行」「ちょいちょい失敗する」を表わしている。

上から順に実行される
（なのでファイル名の頭に日付を付ける）

| 20120615_create_users |
| 20120617_create_films |
| 20120618_alter_films |

| 20120615_create_users |
| 20120618_alter_films |
| 20120620_create_films |

filmsテーブルができていないのに
変更をかけようとしてエラー発生

💡 そもそもなぜ「移住」なのか：たとえばLaravelやRailsなら、ファイルでデータベースのスキーマを保存しておくことで、開発中にローカルPCが変わってもコマンドひとつでデータベースの環境が整う。またその際ホスト言語のファイルとしてスキーマが保持されているため、どのデータベース製品を使うかに関係なく流し込むことができる。

054 bin, binary

名 2進法、機械語　→関連語 073 decimal

bは2進法、oは8進法、xは16進法

　UNIXシステムでルートディレクトリ（/）の直下に**bin**というディレクトリがある。ときどき「スラ・ビン」と呼ばれているが、これは厳密には正しくない。IT界でbinといえばバイナリの略である。この**bin**ディレクトリには、UNIXシステムを利用する上で必要不可欠な基本コマンドが置かれている。

　ちなみに2進法がbinaryであるのに対し、10進法はdecimalである。8進法はoctalであり、16進法はhexadecimalである。したがって、oは8進法を、xは16進法を想起させる。もちろん**hex**といえば間違いなく16進法のことである。

Example

JavaやJavaScriptでは、はじめに**0b**が付くと2進法、**0**が付くと8進法、**0x**が付くと16進法と解釈される（以下はJavaScript）。

```
> 0b111
7
> 0115
77
> 0x7a6
1958
```

プログラミングではなく、手計算するには以下のようにする。

```
(0b)111 = 2^2 * 1 + 2^1 * 1 + 1 = 7
(0)115 = 8^2 * 1 + 8^1 * 1 + 5 = 77
(0x)7a6 = 16^2 * 7 + 16 * 10 + 6 = 1958
```

> 💡 **オクテット**：8ビット（2の8乗）のことを「オクテット」と呼ぶことがある。そして、IPv4アドレスはご存知のとおり32ビットである。だから、8ビットごとに表現された「192.168.1.3」の下3桁の「168.1.3」を下3オクテットと言う。タコが「オクトパス」なのも、このようなことから類推できるかもしれない。

055 format

名 型、ファイル形式 　●関連語 066 convert

フォーマットの書式なんか覚えてられるわけないやんけ

　書式を整えるモノを「フォーマッタ」と呼ぶ。この単語が出現するところでは、日付を日本語形式にしたり、コードの桁を、例えば4桁に揃えるため「33」を「0033」と0埋めしたりしている。

　また、ファイルの形式も「フォーマット」と呼ぶ。この形式を変えるのが、● 066 conv, convertだ！

Example

Python 3で**format**メソッドを使う。

```
>>> "{0} {1} {2} で {0} {1} {2} で何作ろう〜♪".format('グー', 'チョキ', 'パー')
'グー チョキ パー で グー チョキ パー で何作ろう〜♪'
```

Javaで今日の日付をフォーマットする。

```
jshell> import java.time.LocalDateTime;

jshell> var today = LocalDateTime.now();
today ==> 2021-04-09T10:36:56.112709

jshell> System.out.println(String.format("%tF", today));
2021-04-09
```

convert

formatA　　　　formatB

💡 **書式とは**：ExampleのJavaの書式 **"%tF"** では、%はこれが書式であることを示す。tは時刻・日付に関する書式であることを示す。そしてFはハイフン区切りの日付表示を表わしている。このように文書の体裁を指定するものを書式と言う。

056 store

動 データを蓄える、貯蓄

IT界では、storeが「店」という意味で使われることはありません！

知っている単語が意外な動詞で使われることがあったりする。たとえば、longが「あこがれる」だったり、storeが「蓄える」だったりね。

「お店」という意味のstoreに「蓄え」や「蓄える」という意味があることを知ってる方は案外少ないかもしれない。けれど、プログラミング上でのstoreは十中八九「蓄える」という意味だ。

そして、「蓄える」のstoreの仲間にストレージ（storage）という言葉がある。IT界でストレージといえば「データを置く場所」ではあるのだが、いわゆる「データベース」というよりも「ファイル群を置く場所」といったニュアンスが強いようだ。なので、ストレージという言葉が出てきたときは「ファイル置き場」と解釈してOK！

Example

Rubyでハッシュ（連想配列）に新しい要素を追加するメソッド**store**を使用する。

```
irb(main):001:0> capitals = {Japan: "東京", France: "パリ"}
=> {:Japan=>"東京", :France=>"パリ"}
irb(main):002:0> capitals.store(:Italia, "ローマ")
=> "ローマ"
irb(main):003:0> capitals
=> {:Japan=>"東京", :France=>"パリ", :Italia=>"ローマ"}
```

JavaScriptのフレームワークVuexで状態を保持する「ストア」を生成する。

```
const store = new Vuex.Store({ state: { count: 0} });
```

💡 リストア：リストア（restore）は「復元」という意味だ。re（再度）＋ store（データ蓄える）ということから「復元」であることがうかがえる。

057 | asset

名 資産

RailsなどのWebフレームワークのassetsフォルダには
「HTMLのheadで読み込むリソース」を置く

　その意味を明確に知らないまま使われがちな言葉かもしれないが、Rails
アプリなどで頻出のassetという単語は「資産」という意味である。

　Railsで**assets**フォルダに置かれるのは、JavaScriptやCSS、画像といっ
た「HTMLのヘッダーで読み込むリソース」だ。また、プロジェクトにもよ
るが、**app/vendor/assets**というフォルダが作成されることもあり、こち
らは「サードパーティが提供するリソース」の置き場になる。

　ここからは余談。assetと同じくWebフレームワークでは頻出で、それな
のによくわからない英単語としてdirective（ディレクティブ）がある。も
ともとは「命令」とか「指令」といった意味であることから、「小さいプロ
グラムをビューに埋め込む」ための命令コード……といった雰囲気だろうか。

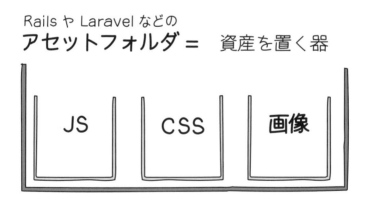

Rails や Laravel などの
アセットフォルダ ＝ 資産を置く器

JS　　CSS　　画像

💡 **サードパーティ**：IT界では「サードパーティ」という言葉をよく使う。たとえば
「サードパーティ製」と言ったとき、ざっくりとは「公式でもなく、自分自身でもな
い、誰か（第三者）」が作ったもの」という意味になる。ちなみにベンダー（vendor）
はIT界における「メーカー」という意味に捉えてしまえばOK。

058 dump

動 データを出力する

ダンプカーの「ダンプ」は「投げ捨てる」だが、
IT界ではデータのエクスポートに使われるぞ！

IT界頻出単語のdumpは、ダンプカーのダンプと同じものだ。私が業界に入って、頻繁に使用するようになった言葉は「ダンプを取る」。私はデータベースのデータのバックアップを取るということで使っていた言葉だが、計算機科学ではもっと汎用的に「出力する」という意味で使われる。

さて、個人的な昔話をひとつ。私が業界に入って間もないころにひどい無茶振りが度々降ってきた。無茶振りの中には、私がLinuxのコマンドひとつ知らないというのに、「本番のLinuxサーバでデプロイ（リリース）作業をしてこい」というものさえあった。私は後に述懐している「手順書を片手になんとかやりきったけれども、無免許でダンプカーを運転している、そんな気分だったよ」と。

Example

MySQLでデータベース情報のダンプを取る。

```
$ mysqldump -u root -p test_database > test_database.bu.sql
Enter password:
$ cat test_database.bu.sql
...
DROP TABLE IF EXISTS people;
CREATE TABLE people (
  id int NOT NULL AUTO_INCREMENT,
  name varchar(20) DEFAULT NULL,
  gender int DEFAULT NULL,
  birthday date DEFAULT NULL,
  atozuke text,
  PRIMARY KEY (id)
) ENGINE=InnoDB AUTO_INCREMENT=3 DEFAULT CHARSET=utf8mb4 COLLATE=utf8mb4_0
900_ai_ci;
...
```

dump

名 計算結果、結果セット

JavaやPHPでは、データベースから取得したレコードの集まりを
「結果セット」と呼ぶ

　なんらかの処理の「結果」としてresultという変数名がよく使われる。特
にデータベースから取得したレコードの配列を「結果セット」と呼び、それ
を**result**という変数に入れることは多い。また、関数やメソッドの処理結
果を**result**という変数に代入するケースもよく見られる。

　であるからして、**result**という変数名を見たら、それを「計算結果」も
しくは「結果セット」であると解釈してしまっても問題ない。

　ちなみに語源まで遡ると、「re」は ➡ **045** removeでも説明したとおり「後
ろに」、「sult」は「跳ねる」なので、resultは「（計算）結果などが自分側に
ぴょこんと戻ってくる」イメージで良さそうだ。

Example

　JavaScriptで足し算を行う関数 **sum** を定義する。

```javascript
function sum(x, y) {
    let result = Number(x) + Number(y);
    return result;
}
```

　Javaで、データベースの **people** テーブルからすべてのデータを取得し
て、それぞれのレコードの **name** を出力する。

```java
PreparedStatement ps = db.preparedStatement("SELECT * FROM people;");
ResultSet result = ps.executeQuery();
while(result.next()) {
    System.out.println(result.getString("name"));
}
```

060 row

名 行

rowは「行」、rawは「生の」、lowは「低い」、そしてlawは「法律」

⟶ **059** resultで説明した「結果セット」の1レコード分を**row**という変数に入れ、**for**文を回す……というのはよく見る処理。また**row**は「行」という意味なので、ExcelやPDFの行オブジェクトを入れる変数の名前にrowを使用することも多い。

一方、「rawデータ」（oではなくてa！）という言葉は「行のデータ」ではなく「生のデータ」という意味だ。すなわち、「未加工状態のデータ」ということ。似ているので注意しよう。

Example

当たり前のようではあるが、SQLでSELECTした場合、最後に何行（レコード）取得できたか出力されることがある。以下では315行取得できたことが示されている。

```
mysql> SELECT id, watch_date, title FROM films;
<中略>
|  368 | 2017-01-01 | 天使にラブ・ソングを…          |
|  369 | 2017-01-01 | ゴーン・ベイビー・ゴーン         |
|  370 | 2018-01-01 | ラストエンペラー               |
|  384 | 2020-07-20 | 茄子 スーツケースの渡り鳥       |
+------+------------+----------------------------+
315 rows in set (0.00 sec)
```

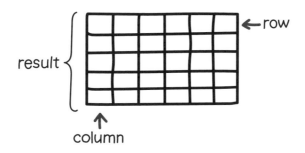

061 col, column

名 列

しばしば、colと略されるcolumnは、「列」という意味だ！

「カラム」という言葉はIT界で頻出だ。たとえばデータベースのテーブルの「列」をカラムと呼ぶ。

すっかりおなじみになったCSSフレームワークのBootstrapでは、「列」という考え方が機能の中心にあるため、columnの略であるcolという語がたびたび出現する。この略し方、はじめから知っているでもなければ、もとのcolumnという言葉にはなかなかたどり着けない。つまり3文字のアルファベット、「c」「o」「l」の並びだけという情報は、その意図を人に伝えるには、少なすぎるのである。

Example

Bootstrap4のグリッド機能を利用して、レスポンシブな領域を表現する。

Bootstrapのグリッドシステムでは「画面は12個のカラムに分かれている」という想定である。だから、**col-3**は「カラム3個分の領域」ということ。下のコードでは1つの**row**を**col-3**、**col-3**、**col-6**の3:3:6に分割し、そのうちの「6」をまた1つの**row**とみなしてさらに2:2:2に分割している。

```
<div class="container">
    <div class="row">
        <div class="col-3" style="background-color: darkgray;">カラム1</div>
        <div class="col-3" style="background-color: gray;">カラム2</div>
        <div class="col-6 row" style="background-color: lightgray;">
            <div class="col" style="background-color: darkgray;">カラム3</div>
            <div class="col" style="background-color: gray;">カラム4</div>
            <div class="col" style="background-color: lightgray;">カラム5</div>
        </div>
    </div>
</div>
```

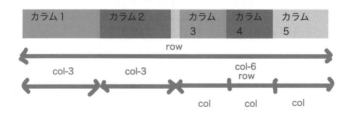

archive

動 圧縮して保存する　→関連語 147 compress

私的アーカイバ頂上決戦！「7-Zip」VS「Lhaz」

　「アーカイブ」という言葉は一度は聞いたことがあるだろう。「書庫に眠っている記録」といったイメージではなかろうか。転じてIT界では、「圧縮して保存する」といった意味で使われる。したがって、「アーカイバ」と言えば、ファイル群をまとめて圧縮してくれるツールだ。

Example

　`tar`コマンドを利用して、カレントディレクトリのファイルすべてを、`arc.tgz`という1つのファイルにアーカイブする。

```
$ ls
hoge1.txt        hoge2.txt        hoge3.txt
$ tar -czvf arc.tgz *
a hoge1.txt
a hoge3.txt
a hoge2.txt
$ ls
arc.tgz          hoge1.txt        hoge2.txt          hoge3.txt
```

 jar：「Java Archive」の略であるJARとは、複数のJava実行ファイルと、それが使用する画像などのリソースを、一つにまとめたzipファイルのこと。そのファイルの拡張子には、「.jar」が使われる。jarだけでなくtarとかwarという「ar」で終わる拡張子は、アーカイブされたファイルを意味する。

5

データやファイルに関わる単語

063 attribute

名 所有者が推測できる属性　●類義語 100 prop, property

属性は属性でも、所有者を推測できる属性がattributeだ！

「属性」という意味のattributeは、同じく「属性」とも訳せるpropertyとの区別が難しい。attributeには「だれだれが生み出した」のニュアンスがあるのに対し、propertyは「だれだれが所有している」という雰囲気であろうか。

もっと詳しく言えば、その属性から持ち主の性質が推測できるのがattributeだ！「万年筆」を見たところで所有者はわからないが、「小説の筆致（タッチ）」を見ると誰が書いているかを推測できる。なので、「万年筆」はpropertyで、「小説の筆致」はattributeだと言える。

Rubyなどではだいたい**attr**と略されていて、attributeの略であることをまだ認識できていないRuby初学者に「なんて読むんですか？」と聞かれることがある（聞かれると結構困ってしまうのだが……）。

Example

タイトルが「個人的な体験」で著者名が「大江健三郎」である、本のオブジェクトを生成する。その後、その本のオブジェクトに、筆致「現代的な極太タッチ」を付け足している。

```
irb(main):001:0> book = Book.new(title: "個人的な体験", author: "大江健三郎")
=> #<Book id: nil, title: "個人的な体験", category: nil, author: "大江健三郎", touch: nil ......>
irb(main):002:0> book.attributes= {touch: "現代的な極太タッチ"}
=> {:touch=>"現代的な極太タッチ"}
```

この、現代的な極太タッチは、ノーベル文学賞作家の大江健三郎っぽいなぁ〜

所有者：大江健三郎
attribute：現代的な極太タッチ
property：ノーベル文学賞

064 analyze

動 分析する

「analyzeする人」である「アナリスト」は「分析家」というわけ

あまりプログラミングで登場する印象のないanalyzeだが、普段の会話ではカタカナ語としてたまに出てくる。

実際のエンジニア業務関連でパッと思いつくのは、データベースのテーブルの内容の分析に、**analyze**という言葉を使用するぐらいかな。PostgreSQLでは**ANALYZE**コマンドを頻繁に使う。テーブルに関する統計情報を更新するのだ。

Example

`films`というテーブルをPostgreSQLの**ANALYZE**で分析してみる。

```
INFO:  analyzing "public.films"
INFO:  "films": scanned 10 of 10 pages, containing 282 live rows and 0 dea
d rows; 282 rows in sample, 282 estimated total rows

クエリ全体 実行時間:16 msec
```

あの人が新しいアナリストよ

ヒソヒソ

頭良さそうっすね〜

ヒソヒソ

ヒソヒソ

ヒソヒソ

ヒソヒソ

 アナライザ:「分析する」が「アナライズ」なので、「アナライザ」という言葉が出てきたら、それはソースコードの質だったりといろいろなものを「分析するツール」であることが多い。

065 alter

動 スキーマに変更を加える　●関連語 086 schema

ALTERでデータベースのスキーマを変更するには覚悟が必要だ！

　既存のモノに影響を与える、すなわち「変える」作業は怖いもの。「変えるくらいなら新しく作成しよう……」と逃げたい気持ちを持ってもいい。プログラム上のメソッドや関数に関してはそれができるが、データの ALTER を避けられない場面はある。

　changeが「まるっと取り替える」であるのに対し、alterは既存のモノに変更を「加える」ニュアンス。だから怖い。いずれ君も知るだろう、ALTER の苦しみ、ALTER の怖さを。

　派生語のalternateは「代替の」という意味であり、PCのAltキーはalternateの略で、操作の切り替えなどに利用される。

Example

DDLの ALTER によって、カラムをドロップしてみる。

```
mysql> SELECT * FROM people;
+----+-----------+--------+------------+--------------+
| id | name      | gender | birthday   | atozuke      |
+----+-----------+--------+------------+--------------+
|  1 | 東京太郎  |      1 | 2012-12-11 | 川崎生まれ   |
|  2 | 横浜花子  |      2 | 2012-12-12 | 横浜生まれ   |
+----+-----------+--------+------------+--------------+

mysql> ALTER TABLE people DROP COLUMN atozuke;
Query OK, 0 rows affected (0.16 sec)

mysql> SELECT * FROM people;
+----+-----------+--------+------------+
| id | name      | gender | birthday   |
+----+-----------+--------+------------+
|  1 | 東京太郎  |      1 | 2012-12-11 |
|  2 | 横浜花子  |      2 | 2012-12-12 |
+----+-----------+--------+------------+
```

💡 caps lock：Alt キーの話のついでに、Caps Lock キーについての余談。この「Caps」は capitalsの略で、capital lettersとか単にcapitalsとか呼ばれるアルファベットの大文字のこと。なので「CapsLock」なら「大文字に固定（ロック）」されちゃうわけですね。

066 conv, convert

動 ファイルの形式やサイズを変える　●関連語 055 format

ファイルの変換にはconvertを使用する

　野球のポジションを「コンバートする」のconvert。「変える」という意味である。メソッド名などに使われることがあり、たまにconvとも略される。業界に入ってはじめて読んだソースコードに、**conv2PDF**という名前のメソッドがあった。「convert to PDFのことかな……」とわからないではないけれど、同時に「なんだかな～」とも思ったことを記憶している。

　私事ではあるが、筆者は若いころのある日、突然右腕を不自由にした。文字を書けなくなり、左利きにコンバートしようともしてみたが、難しかった。そういうこともあって文字をあまり書かないIT業界に入ったという経緯がある。この余談や野球での「コンバート」は、それまでの慣習や信条の「転向」「転換」といった意味合い。

5

データやファイルに関わる単語

Example

　左側の画像をImageMagickの**convert**コマンドで反転させると、右側のようになる。

```
$ convert 花畑.jpg -rotate +180 反転花畑.jpg
```

💡 **ImageMagick**：この**convert**コマンドを利用するには、画像操作ツールであるImageMagickをインストールしておく必要がある。直近、私が関わったプロジェクトでは、どこもImageMagickを利用していた。

067 parse

動 構文解析する、変換する

JSONからオブジェクトへの変換に使う、parse！

「解析する」という意味のparseだが、JavaScriptではプログラミングではJSONからオブジェクトへの変換によく使われる。

なお、Javaでは**Integer**クラスの**parseInt**クラスメソッドで、文字列から整数値に変換したり、他にもパース系のクラスメソッドはよく利用される印象がある。

けれども、パース系メソッドは引数が想定外の形式だった場合、例外が発生する。であるので、入念にインプットする文字列をチェックする必要がある。結構厄介なのだ。

Example

Javaで**Integer**クラスの**parseInt**メソッドを使ってみる。引数を整数と解釈できない場合には例外が発生する。

```
jshell> Integer.parseInt("100");
$1 ==> 100

jshell> Integer.parseInt("12.3");
|  例外java.lang.NumberFormatException: For input string: "12.3"
|        at NumberFormatException.forInputString (NumberFormatException.java:65)
|        at Integer.parseInt (Integer.java:652)
|        at Integer.parseInt (Integer.java:770)
|        at (#2:1)
```

JavaScriptでJSONからオブジェクトを構築する。

```
> const matsumoto_json = '{"age":39, "height":166}';
undefined
> const matsumoto_obj = JSON.parse(matsumoto_taichi);
undefined
> console.log(matsumoto_obj.age);
39
undefined
```

Column
著者的、推しIT英単語4選！

➡ 025 mergeの紹介文で「いま、最も勢いのあるプログラミング英単語、マージ！」と書きましたが、今後IT界を席巻しそうな——私が勝手に「コイツは来るぞ〜」と思っている——IT絡みの英単語を4つチョイスしました。

populate（動データで埋める）

「人口」という意味のpopulationは高校までに習う英単語です。それに関連するpopulateは「居住させる」という意味ですが、あまり聞き慣れませんね。実際、プログラミング上でお目にかかったことは、私は一度もありません。

が、IT英語としてのpopulateは「データでいっぱいにする」という意味で、英語圏の掲示板などでちょいちょい見かけます。具体的には「コンポーネントにデータをpopulateする」といった感じで使われるのです。難しい英単語ですが、覚えておくと、いつかドヤ顔できるかもしれません！

cascade（名連鎖反応）

CSS（Cascading Style Sheets、カスケーディングスタイルシート）の「C」であるcascadeは「連鎖反応」という意味です。CSS以外でも「RDBの紐付いてるデータの親を削除した場合に「連鎖的に」子データも削除する」といった文脈で登場します。必殺技っぽい響き、カスケード！

pluck（動摘み取る）

Ruby on Rails（のActive Record）にあるなんだか使い勝手のいいメソッド、pluckは、「摘み取る」という意味です。ひとかたまりの、オブジェクトの集合から、ある属性のみ、全部「摘み取り」たいときに使用します。

多くのRails技術者が、その日本語の意味を知らずに使っていますので、知っていると格好良いですよね。

mutation（名 変異）

　映画などに出てくる言葉「ミュータント」は「突然変異体」です。そのミュータントと同じ起源をもつmutationは「変異」という意味です。ちょっと大げさな感じがするのですが、このmutationがGraphQLというWeb技術においてはupdateの意味合いで使用されています。

　もしかすると、今後、さまざまなIT技術で「更新」にmutationが使用されるかもしれません。ひとつの技術で使われた単語がその後波及していくということは、IT界ではよくあります。

Chapter
6
型に関わる単語

068 string

名 文字列、ひとつなぎの文字

プログラミングを勉強してまず出会うのが文字列型だ!

「糸」や「弦」を表わすstringだが、IT界においては「文字列」である。「糸」や「弦」がなぜ文字列になるのか不思議に感じる読者も多いと思うが、stringには「数珠つなぎ」や「紐でつないだもの」という意味もある。つまり、文字であるcharacterを「一列につないだ」という言葉「character string」が正式名称で、それを略してstring、というわけだ。

どのプログラミング言語でも勉強しはじめるとまず出会う。JavaやJavaScriptではString型はイミュータブル（不変）、すなわち一度生成したStringオブジェクトを改変することはできない。このイミュータブルという言葉は覚えておこう。

Example

文字列型（**String**など）が文字型（**char**など）をつなげたものであるというのは、イメージの上だけではなく、プログラミングの上でもそうなっていることが多い。つまり、文字列が文字の配列であるということだ。Javaで確かめてみよう。

```
jshell> char[] char_array = {'プ', 'ロ', 'グ', 'ラ', 'マ'};
char_array ==> char[5] { 'プ', 'ロ', 'グ', 'ラ', 'マ' }

jshell> String str = new String(char_array);
str ==> "プログラマ"
```

string = 数珠つなぎ

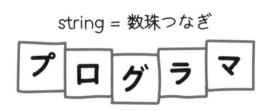

069 char

名 文字、固定長文字列

「チャー」と発音してしまうとギタリストのCharさんを指します

「文字」、すなわちcharacterの略であるchar。「キャラ」と呼ぼう。チャーと言うとダサい上に通じない。charが「文字」であるから、cとかchなどの略語が変数などで出てくれば、変数の中身は文字であると認識しよう。charが「文字」を意味するのは間違いないのだが、プログラミングにおいては、一文字を表現するのにchar型よりは文字列型（Stringなど）を一文字で利用する言語は多い。

そして、MySQLなどのデータベースにおけるCHAR型は固定長文字列型である。ただし2023年現在、リレーショナルデータベースでCHAR型を使う意味はあまりないとされている。次項のVARCHAR型を使用するのが普通。PostgreSQLに至ってはそのほうが速く、保存領域も無駄にしない。

6

型に関わる単語

Example

MySQLで、CHAR(4)という4文字の固定長文字列型のカラムを用意して、そこに5文字のデータを挿入しようとすると、エラーが発生する。

```
mysql> CREATE TABLE char_test (id INT, code CHAR(4));
Query OK, 0 rows affected (0.04 sec)

mysql> INSERT INTO char_test VALUES (1, '12345');
ERROR 1406 (22001): Data too long for column 'code' at row 1
```

JavaScriptには文字型は存在しない。

```
> typeof 'a';
'string'
> typeof "abcde"[0];
'string'
> if ('a' === "a" ) console.log("文字型は存在しない！");
文字型は存在しない！
```

070 varchar

名 可変長文字列　⟶関連語 142 var, variable

バッキャラと呼ぼう。バーチャーと言うとダサいぞ！

　MySQLなどのデータベースの可変長文字列でもある **VARCHAR** は、
「Variable-length Character Strings」の略。variable は「変動できる」とい
う意味。**VARCHAR(100)** とあれば、100文字までの可変長文字列という意味
である。100文字以内の文字列ならなんでも入ります。

　たまに、この「バッキャラ」を「バーチャー」というひとがいますが、最
悪の場合は伝わらず、軽くイジられる可能性がありますので注意しましょう。
「Variable-length Character Strings」の略だとわかれば、キャラと発音できる。

Example

　MySQLで **VARCHAR** 型を使用してみよう！

```
mysql> CREATE TABLE varchar_test (id INT, name VARCHAR(100));
Query OK, 0 rows affected (0.30 sec)

mysql> DESC varchar_test;
+-------+--------------+------+-----+---------+-------+
| Field | Type         | Null | Key | Default | Extra |
+-------+--------------+------+-----+---------+-------+
| id    | int          | YES  |     | NULL    |       |
| name  | varchar(100) | YES  |     | NULL    |       |
+-------+--------------+------+-----+---------+-------+
2 rows in set (0.01 sec)
```

💡 **MySQLのDESC**：Exampleで使っているMySQLの **DESC** はdescribeの略である。
describeは「述べる」「描く」という意味で、テーブルの詳細情報を表示するとい
うことになる。これに対して **ORDER BY** 句に付ける **DESC** はdescentの略、すなわち
「降下」なので、**ORDER BY **** DESC** は、「****の降順で」ということになる。略
語でよくわからないときは手を動かして調べたほうが、その後に自信を持って使い
こなせるようになるだろう。

071 int, integer

名 整数

案外、プログラミングでの数値計算というのはバグを生みやすいのだ

　プログラム上のintegerといえば「整数」を表す。intはその略だ。integer型とinteger型の演算結果はしばしばinteger型になるため、「3/2という割り算の結果が1になる」なんてことがよくあるので注意が必要だ。言語仕様に疎い場合、素人でなくてもたまにやらかす。そういうこともあり、私はお金に関わる数値計算のプログラムは書きたくありません（責任も重いし）。

　JavaScriptやPython（Python 3より）では整数どうしの割り算でも小数を返す。実際にはこの仕様は特殊である。

　話は少し逸れるが、increment（インクリメント、1加える処理）できるから、整数がintegerであり、in繋がりなんだなと直感できる程度の推測力があると、この業界ではかなり強い。イメージを見てほしい。前項(70)varcharの豆知識で、descent（降下）という言葉が出たが、deはネガティブなイメージだ。そして、inはその逆になる。つまり上向きを表わすプレフィックス（接頭辞）がinなのである。

Example

Javaでint型の整数値をインクリメントする。

```
jshell> var i = 0;
i ==> 0
jshell> ++i;
$2 ==> 1
jshell> ++i;
$3 ==> 2
```

in：上向き

increase：増える
inflation：物価が上昇する（インフレ）

6

型に関わる単語

072 float

名 浮動小数点数

IT界でfloatといえば9割がた浮動小数点数に関わる事項である
（残り1割はCSSのfloat）

IT界のfloatは、普通の「水に浮く」とか、「浮いているもの」とかいう意味ではない。9割がた「浮動小数点数」のことだ。

コンピュータは数値を2進法で扱う。そして、2進法で小数を扱うために都合良く作られたのがfloat型などの浮動小数点数型だ。だがこうして扱われた数値は、計算の精度について人間の直観とずれが生じてしまう。float型はもちろん、その倍の精度のdouble型で計算したとしても、「間違った」結果が出ることがあるのだ。この問題を回避するための方法はプログラミング言語ごとに違うけれど、例えばJavaではBigDecimal型を使う方法が推奨されている。

私も昔、知らずに国土情報の膨大な計算コードをdouble型で書いたあとに要件を満たしていないことがわかり、すべてのソースコードをBigDecimal型で書き直すという大きなミスをやらかしたことがある。

Example

Javaでのfloat型やdouble型での限界を可視化してみよう！

```
jshell> float f = 1.0007f;
f ==> 1.0007

jshell> float f = 1.00000007f;
f ==> 1.0000001

jshell> double d = 1.000000000000000007d;
d ==> 1.0
```

💡 **小数の精度問題①**：計算機は数値を2進法で扱う。例えば、10進法の**0.1**は2進法では、**0.00011001100...**と循環小数（無限に続く小数）になるので、どこかで丸めて再度10進法表示すると**0.1**ではなくなる。

073 decimal

形 10進法の　●関連語 054 bin, binary

高校で習わなかったよ感No.1、decimal！

●054 bin, binaryでも触れたとおり、decimalの意味は「10進法」だ。また、派生語で「小数」という意味もある……というか、プログラミングではこちらのニュアンスのものを目にすることのほうが多いかもしれない。

「10進法」として使われる例としては、前項でも出てきたJavaのBigDecimal型や、C#のdecimal型がわかりやすいだろう。数値を（2進法ではなく）10進法で扱うことで「正確に」計算をしてくれるというわけだ。

一方、「小数」はといえば、MySQLなどにあるDECIMALという型が挙げられる。これは「固定小数点数型」という数値型だ。表せる数値の範囲が狭いものの、やはり「正確に」計算できるなどのメリットがある。

いずれにしても、浮動小数点数の扱いやすさを犠牲にして、より「正確に」表すもの、というイメージで捉えるといいだろう。

Example

JavaではBigDecimal型を使ってより正確な数値計算が可能となる。

```
jshell> double d = 1.00000000000000007d;
d ==> 1.0

jshell> BigDecimal bd = new BigDecimal("1.00000000000000007");
bd ==> 1.00000000000000007
```

BigDecimal
を使え！

💡 **小数の精度問題②**：JavaでBigDecimal型を利用すれば、より正確な小数の数値計算が可能となる。が、より正確ということは計算に時間がかかるということでもある。つまり「正確さ」と「計算コスト」はトレードオフの関係になる。

074 set

名 重複を許さない集合

データという言葉は何らかの集合を意味し、
実は、単数形datum（データム）の複数形である

プログラミングやデータベースで言うところの集合（セット）は、数学で使う「集合」と一致する。

集合（セット）にはその要素に順序がない。また同じものは同じとみなされるので、{1, 3, 6, 6, 8, 8, 8}のような自然数の集合は、プログラミング上では考えずに、{1, 3, 6, 8}がセットと言える。

下記に掲載したイメージに注目してみよう。実際に順序がないということで、袋にがさっと入っているイメージだ。

Example

Rubyでset（集合）の性質を確かめてみよう！

```
irb(main):001:0> require 'set'  # Setクラスのインポート
irb(main):002:0> odds = [1,3,3,5,7,7]  # 適当な奇数値の配列を作成
=> [1, 3, 3, 5, 7, 7]
irb(main):003:0> set_odd = odds.to_set  # 配列oddsを集合に変換
=> #<Set: {1, 3, 5, 7}>  # 重複が消される
irb(main):004:0> set_even = Set.new([2,4,6])  # 適当な偶数の集合を作成
=> #<Set: {2, 4, 6}>
irb(main):005:0> set_odd | set_even  # 奇数の集合と偶数の集合の和集合を表示
=> #<Set: {1, 3, 5, 7, 2, 4, 6}>  # 集合に順番はない
```

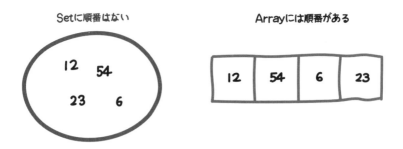

Setに順番はない   Arrayには順番がある

90

075 array

名 配列

配列を制するものがプログラミングを制す！

プログラミングを学習しているときにぶつかる最初の壁が「配列」だ。配列を制するものがプログラミングを制すといっても過言ではない。その配列の英語表記がarrayである。配列のもっとも重要な性質は、格納されたモノに順序がつけられるということであろう。これが ● **074** setとの大きな違いだ。そして、その順序をindexという。

何かのオブジェクトの配列がaryやarrと命名されているのをたまに見かける。けれども、そういった命名はあまりわかりやすくない。車（carオブジェクト）の配列であればcarsとしたり、学生（studentオブジェクト）の配列であればstudentsとしたほうがより具体的な情報が変数名に詰め込まれていてベターである。

6
型に関わる単語

Example

JavaScriptで学生の配列をループで回して、1人ずつ出力している。

```
let tanaka = {gender: '男', age: 22};
let suzuki = {gender: '男', age: 23};
let yamada = {gender: '女', age: 21};
let students = [tanaka, suzuki, yamada];
for (let i = 0; i < 3; i++) {
    console.log(students[i].age);
}

> 22
  23
  21
```

💡 **命名にかける意気込み**：私はけっしてプログラミングが上手い技術者ではない。けれども、名前はその対象に最も適切なものを付けるように意識している。正しく命名されたプログラムなら、英語がわかれば何となくやっていることがわかるからだ（● **142** var, variable）。

076 hash

動 切り刻む

ハッシュとは、「切り刻む」転じて「ぐちゃぐちゃにする」という意味である

　一般的にはあまり馴染みのないhashだが、IT界ではしばしば登場する。

　ここでは、ハッシュの語源をフランス語のhache（斧）とする説を採用して、IT用語のハッシュ化とハッシュサイン（#）の統一的な解説を試みよう。フランス語のhache（斧）、もしくは英語のhatchet（手斧）を語源としてhashは「切り刻む」という意味で一般的に使われる。身近の言葉では「ハッシュドポテト」「ハッシュドビーフ」などがある。

　IT界においてのハッシュ化とは、ある値を意味不明な文字列に変換して、もとの値に戻せなくすることである。「切り刻む」という意味から考えれば、それが元の値に戻せないことが直感できるであろう。通常パスワードはデータベースにハッシュ化されて保存される。

　ハッシュタグなどの言葉のハッシュサインは、その見た目が、引っかき傷のようで、手斧で切り刻んだ跡にも見える。

Example

　MySQLで**SHA2**関数を利用して、文字列**abcd**をハッシュ化する。

```
mysql> SELECT SHA2('abcd', 256);
+------------------------------------------------------------------+
| SHA2('abcd', 256)                                                |
+------------------------------------------------------------------+
| 88d4266fd4e6338d13b845fcf289579d209c897823b9217da3e161936f031589 |
+------------------------------------------------------------------+
1 row in set (0.00 sec)
```

077 map

動 対応づける

地図であるマップは、地球を、一枚の布や用紙へ「対応づける」ことである

　mapはもともと地図を表わす単語であるから、広義に「対応づける」ことと理解できる。そしてIT界でマッピングといえば、その名詞形で「対応づけ」である。「O/Rマッパー」ならObject（オブジェクト）とRelation（データベースの各要素）を対応づけるソフトウエアを指し、またキーバリュー形式のデータ構造を「マップ」と呼ぶプログラミング言語も多くある。

　EcmaScript 6（JavaScriptのバージョンと思っていて良い）までのJavaScriptでは、連想配列を使いたいときに普通のオブジェクトを使わざるを得なかったが、EcmaScript 6でついにMapオブジェクトが登場したぞ！

Example

JavaScriptでMapオブジェクトを利用する。

```
> let map = new Map();
undefined
> map.set('神奈川県', '横浜市');
Map(1) { '神奈川県' => '横浜市' }
> map.get('神奈川県');
'横浜市'
```

userオブジェクト（東京太郎）　　　　usersテーブル

id	name	gender	birthday
1	東京太郎	1	2000-12-12
2	横浜花子	2	2004-5-23
3			
4			

ORマッパー

💡 **mapは写像?**：私は理学部数学科にいたので、mapは数学用語の「写像」であるとただちに認識してしまう。そして厳密にはそのほうが正しいが、「写像」というのは素朴には「対応」としてとらえても良いので本書は「対応」を採用した。けれども、関数型プログラミングに出てくるmapは数学の「写像」の感覚がピッタリである。

Chapter

7

定義に関わる単語

078 func, function

名 関数 ○類義語 093 feature

コードの例や資格試験問題の命名にときたま使われる謎の単語、func

「関数」や「機能」という意味のfunction。ときどきfuncとも略される。略されるとなんのことかさっぱりわからない。実務では、JavaScriptでの関数の定義の際に使われることが多そうだ。

なお、functionには「機能」という意味もあるものの、IT界で「アプリの新機能」などを意味するところの「機能」は ○ 093 featureであるため注意したい。

Example

JavaScriptで関数を定義する。

```
function hoge() {
    // nice beautiful code
}
```

数学の関数のfの意味も明確だ。

```
y = f(x)
```

💡 **一般人は知らない**：IT業界ではカタカナ言葉をたくさん使う。「インターフェース」とか「コミット」とか。けれどもそれは業界内で通じる言葉で、一般人にはわからないなんてことは、しばしばある。functionでふと思い出したのだが、昔、父の肝臓の手術の説明に同伴したとき、医者が「さまざまなファクターによって、肝臓のファンクションが……」といった説明をはじめ、父にも母にもさっぱり意味が通じていなかった……なんてことがあった。伝わらない言葉を使うのは、その人のエゴでしかない。

079 def, define

動 定義する

システムとは「定義の集合体」と捉えることもできる

　システムについて考える際には、「定義」の概念が重要である。もしかすると「システムとは定義の集合体である」といえるかもしれない。「システム」という言葉自体の意味は豆知識にて。

　システム開発の上流には「要件定義」という重要な作業がある。上流の仕事は定義であり、中流の設計は判断を行う作業である。そして下流は製造だ。「要件定義」とは顧客のニーズを満足させるための必要な条件をまとめる作業である。ニーズを満足させて、それでいて最低限な項目を列挙する。そんなイメージだ。ウォーターフォール開発では、その「要件定義」が出発点となる。であるので、上流がエライとか下流はエラくないとかいう話しは業界のあちこちで聞くのだが、そんなことはなくて、個人の性質がどれに向いているかが大事であると私は思う。

Example

　Python 3で整数の合計を求める関数 **i_sum** を定義する。

```
def i_sum(n1, n2):
    return n1 + n2

total = i_sum(3, 7)
print(total) # 10が出力される
```

　以下のようなエラーメッセージが出たとしたら「Aはもう、既に定義されているよー」と怒られているのである。

```
A was already defined.
```

 「システム」とは：『広辞苑（第七版）』によれば、「複数の要素が有機的に関係しあい、全体としてまとまった機能を発揮している要素の集合体。組織。系統。仕組み。」とのこと。チョット、ナニイッテルカ、ワカラナイ……。

7

定義に関わる単語

080 strict

形 厳格モード

文頭にstrictをつけておけばとりあえず安心、なんてこともあります

古くはPerl言語、今ではJavaScriptなどで文頭に**use strict**と付けておけば、危なっかしい構文をチェックしてくれる。このstrictモードで開発するのが普通であると、私は思っている。

けれども、これはこれでけっこうしっかりチェックしてくれるので、そのために実行前の構文解析や実行の段階でしょっちゅうエラーになるので、イライラするなんてこともあるよね。

Example

Perl 5で**use strict**の動作確認をする。strictモードではない場合、宣言せずに変数を使用して問題ない。

```
$num = 33
```

strictモードの場合、エラーが発生する。

```
use strict;
$num = 33
   ↓
Global symbol "$num" requires explicit package name at strict_test.pl line
2.
Execution of strict_test.pl aborted due to compilation errors.
```

💡 Perl：「CGI」というWebアプリ構築方法における最初の選択肢とされる言語であったため、いっときのWeb界で天下を取ったPerl。しかし、その後同様のスクリプト言語であるPHPやRubyにその立場を追われた。なんといってもユルユルの文法が魅力的だ。Loose Or Die！

081 local

形 地方の、閉じた空間の　●対義語 082 global

ローカル線やローカルテレビ局の「ローカル」。
「ローカル環境」と言えば、今、目の前にある自分のPCを指す

　プログラミングでの重要な概念である「ローカル変数」とは、プログラム中で定義されている関数内などの「ある限定された範囲」からしか参照できない変数のことを指す。

Example

Javaで外からローカル変数、localStringを見ようとする。

```
public class LocalTest {
    String globalString = localString;
    void localMethod() {
        var localString = "ローカルな文字列";
    }
}
```

　コンパイルしようとすると、以下のように、localStringが見えないため、エラーが起きる。

```
$ javac LocalTest.java
LocalTest.java:2: エラー: シンボルを見つけられません
    String globalString = localString;
                          ^
  シンボル:    変数 localString
  場所: クラス LocalTest
エラー1個
```

💡 ここで挙げた写真について：ヨーロッパの城郭都市。イメージとしてはこういった閉じたコミュニティが「ローカル」と言え、ここでしか通用せずに外から見えない変数が「ローカル変数」である（あくまで外観だけのイメージです）。

082 global

形 誰からでも見える　●対義語 081 local

かつてJavaScriptは、開発者を戦々恐々とさせる言語であった……

　globalは一般的には「世界的な」という意味であるが、プログラミングにおけるglobalはとても怖いものという印象。だってグローバルなんですよ。世界中の誰からもアクセスできちゃうんだから。イメージとしては、localの閉じた領域に対して、誰にでも開けっぴろげにしている公の広場である。

　JavaScriptは、たとえば「ブラウザごとにソースコードの解釈が異なる」といった理由から、一昔前までいろんな意味で面倒くさい言語とみなれていた。なかでも「いつのまにか変数がグローバルになっている」という恐ろしげなこと（グローバルな情報はローカル情報を上書きしてくる）も起こり得る言語仕様は特に恐れられていたが、今では変数の宣言に let を使えばその点は問題はない。ここ最近のJavaScriptは、そのフレームワークの充実と伴ってMMK（モテてモテてこまっちゃう）である。

💡 **letとはなんぞや**：Swiftなど他言語にも登場して、私が長らく意味がわからなかったプログラミング中の let。最近、ぼんやり数学の本を眺めていて「Let V be a vector space」のような記述があるのに気がついた。訳せば「Vをベクトル空間としよう」ということであるので、**let str = "hoge"** であれば「変数strを文字列"hoge"としよう」ということである。このアプローチから捉えると、**let**の定数感も直感できる。

083 scope

名 範囲、スコープ

IT界の頻出単語scopeは、プログラミングにも出てくるぞ！

前出のlocal、globalはプログラミング上での「スコープ」に関わる用語である。この「スコープ」とは「見える範囲」といった意味で、globalは誰からも見える、localは閉じた領域内でしか見えない、ということになる。

IT界でのさまざまな定義や約束事は、スコープをできる限り狭くするのが鉄則である。➡ **104** permitでも述べるが、権限のスコープも最小にする「最小権限の原則」というものがある。余分なものは見えなくていいし、見てはいけないということだ。

それは日常の世界でも同じで、じいさんばあさんに余計な情報を入れると、心配もかけるし、物事もややこしくなる。

Example

Active Record（Railsを構成するライブラリ）の**default_scope**メソッドは、そのモデルに関するどんな場合のデータ取得でも、範囲をあらかじめ絞っておくメソッドだ。以下は**films**というテーブルから取得する映画データについて、**default_scope**メソッドを使うことで、どんな場合でも「論理削除されていないもの」に範囲を限らせている。

```
class Film < ApplicationRecord
  default_scope { where("delete_flg = '0'") }
end
```

ローカルの約束　　　　よりグローバルな情報

うちの小遣いは千円！

中学生のお小遣いの平均は三千円ってテレビで言っとった

084 refer

動 参照する

文章の専門用語で、referというのは、
こういったドキュメントを参照しましたという意味である

「リファレンス」は参考文献、referは「参照する」という意味である。多くの書籍では「こういったものを情報源として参照しました」と最後にリストアップしていて、それが「リファレンス」ということになる。

ところで、参考文献から読みたい本を探すのも良いのだが、自分で本を選ぶ目も必要だ。ここで本選びのコツを1つ簡単に述べる。絶対に立ち読みをして欲しいということだ。そこで手に取って最も頭に入ってくる本がその時点ではベストだったりする。内容だけでなく、「自分にとって見やすいレイアウト」というのもあって、「文字の大きさ」や「行間」なんてもの（つまりはUI）が案外読みやすさを大きく左右させることにも注目だ。

どんな名著でも「文字が目から滑る」、つまり頭にまったく入ってこないようでは意味がない。「この部分には少し覚えや興味があって、ここから攻略できそうだ」というような、何かしら自分の「心の目」に引っかかるものがある本が「レイアウト」「難易度」「興味」において総合的に良い場合が多いのだ。

さらにいえば、本はすべて通読する必要はないと筆者は考えている。著者が訴えたいことは「はじめに」や第1章の概要などにまとめられていることも多く、それだけを読んでも得るものがあるのだ。

💡 **IT界のrefer**：IT界でreferは、HTTPリクエストのヘダーにある、Referer（リファラー）ヘダーでお目にかかる機会が多い。このRefererヘダーは、今の対象となってるリクエストがどこから来ているかを示す。referのer形はreferrerであって、実はスペルミスなのだが、そのまま修正されずに今に至る。

085 annotate

動 注釈を付ける

プログラムを「言葉で書かれた文章」と解釈すれば、注釈も入ってくるだろう

annotateの名詞形はannotation（アノテーション）で「注釈」だ。Javaにはアノテーションという構文があり、その意味のとおり、クラスやそのメンバに対して注釈を付ける役割を果たす。⒜ではじまるものがアノテーションである。

Rubyの便利なGemにはそのまんまのannotateというものがある。データベースのテーブルに対応するモデルのコードの冒頭に、テーブルのスキーマ情報（● 086 schema）を注釈コメントとして勝手に記述してくれるライブラリだ。多くの現場で採用されているので知っておくといい。

また、機能が豊富なエディタや、プラグインを入れれば主要エディタの多くで、ある行で右クリックするとバージョン管理ツールの「Annotate」という機能が利用できたりするのだが、これを選択すると、その行が誰によっていつ書かれたか分かったりする。なんか怖い……。

Example

JPA（JavaEEのモデルに関わるフレームワーク）でのアノテーションの使用例。

```
@Entity // Userクラスがエンティティ、つまりDBのテーブルと対応することを示す
@Table(name="users") // 対応するテーブル名がusersであることを明示
public class User {
    @Id // メンバのidがこのテーブルusersのIDであることを明示
    private Long id;
    private String name;
}
```

ここでいう「アノテーション」は「注釈」という意味ではあるが、いわゆる「コメントアウトする」の「コメント」ではない。アノテーションはプログラムの構文に含まれるので、文法に沿って書かないと想定どおりには動かない。

086 schema

名 スキーマ、概要　●関連語 065 alter

非常に難しい概念、スキーマ！

「スキーマ」とはデータベースの内部の構造を表わす言葉である。テーブルそのものやテーブルの構造（どんな型のカラムをなんという名前で持つか、など）、テーブルとテーブルの関係といった、「データを格納するもの」の構造を指す。

したがって、格納されているデータ自体はスキーマではない。簡潔に言うなら、ER図に書かれる内容がスキーマと言える（下図参考）。そして、このスキーマの変更にはDDLというSQLを使用する。

Example

Railsでスキーマ情報をファイルで出力する`rails db:schema:dump`コマンドを実行する（● 058 dump）。

```
$ rails db:schema:dump
  (202.9ms)  SELECT "schema_migrations"."version" FROM "schema_migration
s" ORDER BY "schema_migrations"."version" ASC
```

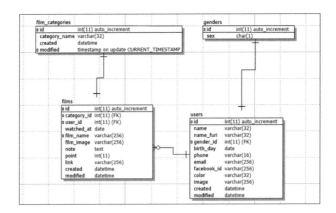

💡 **DDL**：DDL（Data Definition Language）は「データ定義言語」の略。SQLの一種だが、SELECTやUPDATEなどデータそのものを扱うDML（Data Manipulation Language、データ操作言語）と区別される。

Chapter

8

状態や状況を表わす単語

087 env, environment

名 環境　●関連語 038 dev, development

自分のPCの環境でしか起こらないエラーに悩まされると、
周りに理解されなくて辛い……

　プロジェクトに参加したとき、面倒でもはじめにしっかり時間を取って環境を整えたほうが、後々痛い目に遭わずにすむことは頭ではわかっている。だが、難しい場合も多い。

　「早く作業に入ってほしい」というプレッシャーが理由ということもある。けれどもなにより、はじめの開発環境のセットアップに時間をかけすぎると、「ああ、あの技術者はできひん人なんやなあ」と思われていないかを気にしてしまうからだ。

　ちなみに、私の肌感では、フリーランスエンジニアとしてプロジェクトにジョインした場合、はじめの1週間（40時間）で開発環境を整えることが求められる。

Example

　Railsアプリをプロダクションモード（本番環境）で起動する。

```
$ rails server RAILS_ENV=production
```

　printenvコマンドで環境変数のリストを表示する。

```
$ printenv
PWD=/Users/matu
HOME=/Users/matu
LOGIN_SHELL=1
~~以下略~~
```

開発環境構築の図

次は Ruby……
いや、そこはDocker上
なのか！

そもそも
Git入ってないじゃん！

MySQL5.7
インストール完了！

てか、XCode は……

status

名 時間で変化する状況

ステータスバーのstatus、
ある過程の中での特定の時間の状況がstatusとなる

　「状況」を表すstatusは頻出単語である。「状況」というカラム名を付ける時に、statusなのかsituationなのかフラグで持たせるか、その他にもっと適した単語があるかいつも迷う。例えば、工場の製造工程の「テスト中」という状況をデータベースで持つとしよう。カラム名を**status**とするのか、**under_testing**としてTRUE/FALSEのようなフラグで持たせるか、のように迷うことはしょっちゅうだ（もちろん設計にもよるが）。

　カラム名というのは、その名称が属性名に使われ、変数名に使われ……と次々と伝播していくので、はじめにおかしな名称を付けてしまうと、その後ろめたさをずっと引きずることになるので慎重に決めたい。タイポ（スペルミス）は論外。

8

状態や状況を表わす単語

Example

　動いてるサービス（MySQLサーバ）の状況を確認する。

```
$ mysql.server status
 SUCCESS! MySQL running (16102)
```

カラム名、メッセージを
まさかの massage

public class Massage { }
マッサージクラス登場！

ここらへんで作業者ブチギレ！

なんだよ
マッサージ !!

Massage massage = getMassage()
変数名マッサージ登場！

089 init, initialize

動 初期化する　●関連語 033 construct

初期化を表わすメソッド名initがinitialとかinitializeの略であることを、
長いこと私は知らなかった……

　initという関数やメソッドがあれば、それは初期状態にする役割を果た
すと考えてよい。そして初期化するモノを「イニシャライザ」と呼んだりす
る。Rubyではオブジェクトをどのように初期化するかを、**initialize**と
いうメソッドで定義する

　この**init**がなんの略なのか、私は業界に入ってから2年位知らなかった。
もしわかっていたら、ガンダムのニュータイプのように、その**init**メソッ
ドが意味するところや、書かれたコードの意図がすべて透けて見えていただ
ろう。それくらいに、言葉の意味がわかっているのとそうでないでは、見え
る風景がまったく違うのだ。

　この**init**の例でもそうだが、幼い頃から計算機に触れている人には常識
であることでも、大人になってからIT業界に入った人にはなんのことかさっ
ぱりわからないという言葉は案外多い。そういった「ITの素養」の溝を埋
めたいというのが本書の生まれた一番の動機である。

Example
　Rubyのコンストラクタである**initialize**メソッドを定義して使う。

```
class Person
  attr_accessor :age, :gender
  def initialize(age, gender)
    @age = age
    @gender = gender
  end
end

matsumoto_taichi = Person.new(39, "male")
```

💡 **ニュータイプ**：ニュータイプとは、アニメ『機動戦士ガンダム』に始まるガンダム
シリーズに登場する重要な概念。人間離れしたコミュニケーション能力や洞察力を
持った特別な人間で、主人公アムロ・レイなどのエースパイロットがそれにあたる。
ニュータイプの中には「刻が見える」と豪語したものもいた。

名 配置、外側の共通部分

「来週オフィスのレイアウトを変更するので、若手は手伝ってくださーい」

　私は中小企業に勤めていたので、上記のような台詞はよく聞いたものである。つまり、オフィスの模様替えも外注できない零細企業なんてゴマンとあるのかもしれない。

　それはともかく、同様に、画面の構成を「レイアウト」と呼ぶことが多く、したがって MVC フレームワークの View（● **029** association）部分に関わる単語である。Web アプリの画面の、外側の共通部分を layouts というフォルダに配置する Web フレームワークというのは数多くある。

Example

　「Google Cloud Platform」のコンソールであれば、左側のメニューや上部のヘッダー部が共通の layout 部になる（と思われる）。

💡 **フォルダ構成**：フレームワークを使いこなすなら、フォルダ構成を覚えておけねばならない。たいていのフレームワークのフォルダ配置はよく似ているので、一つのフレームワークででも覚えておけば、汎用的に使える知識となる。

091 offset

名 ファイル内の現在位置

ズレてる感覚、それがオフセット！

コンピュータ用語としても、プログラミング中にも頻繁に出現するoffset。けれどもよくわかっていないという初学者は多いだろう。そもそも、オフセットという日本語はコンピュータとは無関係な所で出会うし、その日本語の意味すらよくわからないことが多い。

例えば「オフセット印刷」といえば印刷法の一つであったり、エレキギターの「オフセットギター」といえば、「ボディのウエスト部が左右非対称」ということになる（マニアックだなあ……）。であるので、いきなりプログラムでオフセットと言われてもなんのことかわからないので、ここできちんと覚えてしまいましょう。

IT用語でのオフセットは、「ファイル内の現在位置」になります。そしてデータベースのMySQLなどの方言にある**OFFSET**句は「レコード取得開始位置の指定」となりますね。両者とも「開始位置からのズレ」という解釈で問題ありません。イメージは著者所有のジャズベ（ Fender社「Jazz Bass」の略）。本体部のくびれ（ウエスト部）が左右で「ズレて」いるのがわかる。

Example

Javaでオフセット（**+09:00**の部分）付きの現在時刻を示す。協定世界時（UTC）から9時間早いことがわかる。オフセットをUTCからの「ズレ」とも取ることができる。

```
jshell> import java.time.OffsetDateTime

jshell> System.out.println(OffsetDateTime.now());
2022-08-04T02:49:45.124112+09:00
```

092 locale

名 各地域用の設定

Googleのローカライズ技術ってほんとすごい

　IT業界の人でなければあまり馴染みのない言葉、locale。「ロケール」と発音し、「ある地域用の設定」といった意味合いだ。そして、特定の地域用にアプリの言葉や単位、祝日、ひいては文化や宗教的なものまで最適化することを「ローカライズ」と言う。だから、その地域文化に詳しくないと真の意味でのローカライズはできない。簡単に「ローカライズしといて」っと言われて、やれるものではないのだ。

　ところで、IT界の巨人Googleの凄みの一つは、その保有するデータ量と、そのデータ量のおかげで展開できる自然言語処理能力にあると私は感じている。例えば、Googleは、開発者用に提供しているAPIのドキュメントを多く公開している。そしてそれらのドキュメントは主要な多くの言語（当然日本語も）でローカライズされている。その量や膨大であるが、Google自身の翻訳エンジンでローカライズの叩き台を起こして（英語のドキュメントをGoogle翻訳で日本語に変換すると日本語のドキュメントとほぼ一致することからも伺い知れる）、上の文化的な部分のひと手間の修正だけを、人間が行っていると思われる。そのため、あれだけの量のローカライズを迅速かつ的確に行えているのだ（たぶん……）。

Example

　今日の日付を日本式とフランス式に表示する。

```
const today = new Date();
const options = { weekday: 'long', year: 'numeric', month: 'long', day: 'numeric' };
console.log(`日本：${today.toLocaleDateString('ja-JP', options)}`);
console.log(`フランス：${today.toLocaleDateString('fr-FR', options)}`);
```

　実行結果は以下のとおり。

```
$ node locale_test.js
日本：2021年4月13日火曜日
フランス：mardi 13 avril 2021
```

8

状態や状況を表わす単語

093 feature

名 アプリの新しい目玉機能

functionがシステム内部で働く機能ならば、
featureはユーザ視点での機能

「チェケラ！」くらいに意味不明なラジオのDJの「フィーチャーしてみよう！」。「大々的に取り上げる」という意味なのだろうが、featureは一般的には「（顔の）特徴」や「特集」という意味である。

IT業界用語としてのfeatureは、プログラミングに出てくる単語というよりは、ソフトウエアの新しいバージョンの「目玉機能」といったニュアンスで、ドキュメントやGitのブランチ名に使われる。新しい機能追加のためにGitのブランチを切った場合、feature/hogehogehogeのように命名することが多い。そして、バグ修正のブランチ名はだいたいfix/hogehogehogeである。ついでに、大急ぎで修正が必要な場合hotfix/hogehogehogeなんて命名する現場も多い。

Example

機能追加のためにGitでブランチを切って、そちらに移動する。

```
$ git checkout -b feature/nice-new-feauture
Switched to a new branch 'feature/nice-new-feauture'
```

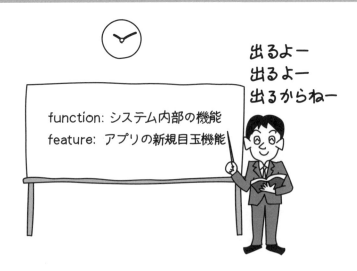

出るよー
出るよー
出るからねー

function: システム内部の機能

feature: アプリの新規目玉機能

094 trait

名 特徴、性格

この本で最難関レベルの単語、trait！

実際の英語では、たとえば「national traits」であれば「国民性」であるなど、「特徴」を表わす単語、trait。実は英単語としては前項の（ ➡ 093 feature）と兄弟のような関係にある。featureが「身体の特徴」であるなら、traitは「性格の特徴」だ。

プログラミングでは、例えばRailsにおいては、テストデータ生成のライブラリ「FactoryBot」などで、場合を分けてデータ生成を可能にするために使われる。とにかく「こういった特徴、性格のものを定義します！」といった文脈で登場する。

大学受験の学習などで私はお目にかかったことがなく、直感的にピンとこない英単語であった。この単語帳の最も難解な単語トリオの一角だ。あと……40分後に、残り2つ登場するのでお楽しみに！

Example

FactoryBotというライブラリで、「すでにリリースされている」という特徴を持った映画データを、場合分けして生成できるようにしている。

```
factory :film do
  title "川崎ラブストーリー"
  released? false

  trait :released do
    released? true
  end
  ......
  ......
end
```

095 | context

名 背景、文脈、コンテキスト

> プログラミング言語は言葉だ。そうである以上、「この文脈はおかしい」とか「矛盾がある」と気付く力が大切で、それが国語力であると私は考えている

　プログラミング言語というだけあって言語である以上、「文脈」という意味のcontextは頻出単語だ。けれどもcontextの使われ方は多様で、目にしてすぐに「こういう意味だ」とはっきり直感するのが、意外に難しい。contextが「文脈」という意味であることをしっかり暗記して、そこから辻褄が合うように解釈する必要がある。なぜそれがcontextと命名されたのかを推測するのだ。

　話は変わるが、やたらと「僕は理系だから……」「私は文系だから……」という言葉を使う人がいる。その度「だからどーした」と私は思っている。が、さらに不思議なことは「文系なのにエンジニアになれた（なれる）！」のような言葉が巷に溢れていることである。プログラミングに必要なのは文脈を読む力で国語力なのに、だ。

　私自身の業務の経験で、高校の微分積分や行列の具体的な知識が必要な場面に出くわしたことなんてないし、その考え方が要るといった場面すらない。ゲーム内での自然な重力の働きなどの表現には必要かもしれないが、きっとライブラリが存在しよう。数Ⅲや行列ができないことが、ITエンジニア（AI技術者を除く）になるうえでなぜ不利になるのか教えてチョンマゲ！

Example
　Rubyのユニットテストツール RSpec で **context** を使う。「映画がリリースされたあと」ということをテストの前提としている。

```
context '映画がリリースされたあと' do
  example 'リリースフラグが立っていること' do
    film.release
    expect(film.released?).to be_truthy
  end
end
```

 スペック：よく聞く「スペックが高い」などのスペックと、RSpecのspecは同じものである。実際にはspecificationの略で「仕様」なのだが、「仕様が高い」は少し変。

096 current

形 いま対象としている、いま乗っている文脈上の

Webアプリのソースコードでは、現在ログイン中の対象ユーザを
「current user」と表現するケースは多い

「current directory」ならば、いま自分（プログラマ）が、その上で操作
を行っているディレクトリである。このようにcurrentは、現在、自分が居
る場所や文脈を指す言葉だ。同じように「current user」ならば、「いま現
在アプリにログインしており、操作の対象となっているユーザ」である。

つまりこのとき、アプリという舞台に立つ主人公が「current user」とい
うわけ。オブジェクト指向プログラミグでは、「アプリは演劇のようなもので、
プログラマはその舞台監督である」などとも表現される。つまり、主人公で
ある「current user」がデータベースからデータを欲しているなら、もとも
と設計されているデータベースとの接続用クラスを具現化（new）して、そ
のオブジェクトが持つ「接続」や「データの取得」などの機能を発動させる
のが、プログラマの役割（その1）である。

そして、必要なそのクラスを予め設計しておいて、実装しておくのもプロ
グラマの役割（その2）だ。つまり、プログラマは「1. クラスをオブジェクト
化して機能を発動させるための実装を行う」と、「2. そのために必要なさまざ
まなクラスの設計、及び実装を行う」という、大きく分けて2つの役割を持つ。

Example

Java風の擬似コード。**MysqlDatabase**クラスを実装して、そのオブジェ
クトを生成して利用している。

```
// クラスの実装 => 役割②に対応
public class MysqlDatabase implements Database {
    public void connect(){ ...nice imple... };
    public List<Report> getReports(User user){ ...nice imple... };
}

// 呼び出し => 役割①に対応
Database db = new MysqlDatabase();
db.connect();
List<Report> reports = db.getReports(currentUser);
```

8

状態や状況を表わす単語

形 非同期の、個々が独立している

Ajaxの「A」、asyncは、asynchronousの略だ！

　幾人かの競技者が同じ動きをして、その美しさを競う、シンクロナイズドスイミングというスポーツはご存知かもしれない。asyncはその真逆である。それぞれのモノがバラバラに独立して動くということだ。

　asyncを一躍有名にさせたのは「Ajax」である。「非同期通信」を意味するのだが、これはどういうことだろうか。

　Webサイトが表示される際、「サーバにHTTPリクエストを送って、そのレスポンスを待って描画する」というのが基本だが、「Ajax」はその通信とは独立にJavaScriptを利用してサーバとやりとりを行うということである。Exampleで具体例を見てほしい。

Example

　たとえば「Yahoo! Japan」の検索窓で「a」と一文字を入れると、通信が走って、aではじまるキーワードの候補が表示される。これは（おそらく）Ajaxを利用している。

　まず、検索窓に文字が入力されたイベントをきっかけに、その「a」という文字をJavaScriptでサーバに投げる。そして、サーバがその候補を返して瞬時に候補リストを描画している。この通信は非同期だ。もし、これが非同期ではなく、通常の同期通信であれば、画面すべてを描画し直すので、画像ファイルをロードしたりするなど、もっと多くの通信が発生し時間がかかる。

　画面はリロードされないのに、バックグラウンドでJavaScriptががちゃがちゃ独立に動いてる感覚を持ってほしい。

098 tmp, temporary

形 一時的な

**「tmpフォルダ」は「temporaryフォルダ」の略であり、
一時的なファイルの置場である**

　macOSを含めて、UNIXシステムのルートディレクトリは/であるが、その直下には tmp、bin、lib、var……といったディレクトリが存在する。それぞれ temporary（一時的な）、binary（機械語の）、library（ライブラリの）、variable（動的な）の略であることを確実に理解しておきたい。

　本項で紹介している tmp が示す「一時的な」ディレクトリには、たとえば、キャッシュや、sock すなわち「ソケット」が置かれたりする。キャッシュは一時的に記憶されるデータだし、ソケットはネットワークを張ったときに一時的に作成される接続口だ。tmp が temporary の略であることを理解できていれば納得がいく。

Example

　ルートディレクトリ/直下のディレクトリたちを確認する。

```
$ ls /
Applications  System   Volumes      cores  etc  opt   sbin  usr
Library  Users  bin  dev  home   private  tmp   var
```

　/tmp をみてみよう。MySQL サーバへのソケットがあるのが見える。

```
$ ls /tmp
mysql.sock    mysql.sock.lock    mysqlx.sock    mysqlx.sock.lock
```

💡 **Webブラウザのキャッシュ**：Webアプリ開発で、けっこう嫌な存在がブラウザのキャッシュである。そのURLが指すサイトのJavaScriptのファイルなんかがキャッシュで保存されていると、フロントの修正が反映されないなんてことはよくある。そんなとき大体、強制リロードを行うと解決される。

8

状態や状況を表わす単語

099 state

名 状態

「システムの状態：state」VS「計算機の状況：status」

「○○という状態である」というときの「ステート」。状態を保持できるという意味の「ステートフル」、状態を保持できないという意味の「ステートレス」という概念はIT界でたびたび登場する。メジャーな「ステートレス」な例が「ブラウザとサーバとのやりとり」である。「ブラウザとサーバとのやりとり」で状態を保持できないということは、Webアプリ内で遷移すると、持っている情報は破棄される。つまり、Webアプリ内でログイン情報等が保持できない問題が起こるのだ。その問題はCookieやセッションという実装やアイデアによって解決される。このあたりの話は、小森祐介『プロになるためのWeb技術入門』（2010年、技術評論社）が詳しい。

　ある時点での「状態」を意味するstateに対し、● 088 statusは時間軸を持っていて、時間によって変化する「状況」を表わす。パラメータに時間が入っていればstatus、入っていなければstateだ。わからなくなれば「ステータスバー」という言葉を思い出そう。動きがない感じが、stateのイメージとなる。

 動きがない学問：物理学の熱力学という分野は「時間に関係しない静的な状態（平衡状態）」の学問である。エンリコ・フェルミの『フェルミ熱力学』（加藤正昭訳、1973年、三省堂）という書籍の原著で検索をかけると、stateが369個見つかるのに対し、statusはまさかの0個だった。

100 prop, property

名 所有物、プロパティ　➡類義語 063 attribute

stateとかpropとかattributeとか、「保持され」系の英単語が多くて
何が適切なのかよう分からん！ってなる

普段からよく使われる「プロパティ」の略、「prop」。propertyとは所有物
とか財産という意味である。意外に思えるかもしれないが、一般的には、不
動産も「プロパティ」であるし、所有している自動車も「プロパティ」である。

IT界では「オブジェクトが持っている属性」という意味合いでしばしば
登場する。昨今のJavaScriptフレームワーク、ReactやVue.jsの普及で、さ
らに頻出になった。

一言紹介のstate、prop、attributeをどのように区別して使うかだが、実務
の経験から英語の意味合いはあまり関係ないようにも思える。propとattribute
はほぼ同義で、「オブジェクトが持っている属性」であることが多いようである。

ただ、この項目の解説と（➡ 063 attribute）の解説から、所有物という
意味合いを含めたければpropを使って、そのオブジェクトを特徴付けるも
のはattributeが適当であろう。が、実際はほとんど区別されていない。

ちなみに、フロントエンド開発では、stateとpropは明確に区別される。
ブラウザ上の要素の、例えばテキストボックスなら、テキストボックスの大
きさなど見える特徴はpropで、裏で持たせてサーバに送るようなテキスト
の値などはstateとする。

8

状態や状況を表わす単語

Example

JavaScriptのオブジェクトが持つ要素をプロパティと呼ぶ。以下の例だ
と、私のオブジェクトはgender（性別）、age（年齢）やheight（身長）
といったプロパティを持っている。

```
let matsumoto_taichi = {
    gender: 'male',
    age: 39,
    height: 166,
};
```

101 finally

副 実行を保証する　●関連語 050 close

Javaでは、Java 7からの「try-with-resources」機能で、
finallyを書くことは少なくなりましたね

「とうとう」「ついには」「最後には」のfinally。JavaやPythonにおいては**finally**に書かれた処理は必ず実行される。だからここに**close**処理を書きましょう。

そして、Java 7からの「try-with-resources」機能は、開いた（オープンした）ものを勝手に閉じて（クローズして）くれるという優れものだ。その登場によってJavaでは**close**処理を書くことはかなり減った。

ちなみにJava、Pythonともに、そのあとに**finally**がある場合、**return**を通ってもそこでは**return**せずに、なにがなんでも**finally**ブロックを通ってから**return**するという仕様がある。このことによって**finally**に書かれたことが100%実行されることを保証する。Exampleで確認してみよう！

Example

```
public class FinallyTest {
  public static void main(String... args) {
    try {
      System.out.println("4行目通過！");
      return;
    } finally {
      System.out.println("なにがなんでも、finallyは通るんじゃあーー！！");
    }
  }
}
```

実行結果は以下のとおり。

```
4行目通過！
なにがなんでも、finallyは通るんじゃあーー！！
```

💡 **close処理**：(● 050 close) でも簡単に説明しているが、まずは**close**の逆にあたる、ファイルの**open**という概念がある。簡略して言うとプログラムはオープンされたファイルオブジェクトにしかアクセスできない。そしてそのファイルオブジェクトにはプログラムとファイルとのやり取りに関連する情報が含まれている。**close**処理というのは、そのオープンファイルオブジェクトを解放してメモリを回収することである。

102 entry

名 プログラムの起点、見出し、登録事項

「大会やコンテストにエントリーした」の「エントリ」！
IT界では最後は伸ばさないからね〜

　はっきり言おう。プログラミングで「エントリ」が出現するのは2箇所しかない。「エントリポイント」でお馴染みのエントリと、「見出し」という意味のエントリだ。いずれも「はじめに参照するもの」という意味合いは同じ。

　エントリはenter（入場する）の名詞形である。したがって「エントリポイント」は、プログラムではじめに叩かれる起点という意味になる。そしてC言語やJavaにおいてはmain関数、mainメソッドということになる。こちらはわかりやすい。

　だが、後者の「エントリ」は教わらないと辿り着けないくらい難しい概念だ。「見出し」としてのエントリの代表格として「デスクトップ上のアイコン」を考えてみるとわかり良い。が、エントリが「見出しそのもの」を意味する場合と、エントリが「見出しが指す登録事項」を意味する場合とがあるから何がなんだか。けれどもこの違いは内部の実装によるので意識しなくていい。共通で意味するところは、既に登録されたものであり、読み出し専用ということだ。

　以下のイメージ図でも、矢印の向きに注目してほしい！

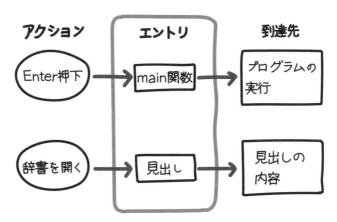

起点であり、見に行くイメージ

Column
IT エンジニアになるのに
大卒は必要ない

　物理工学系のエンジニアになるためには大学を卒業している必要があることがほとんどです。独学での技術取得が可能であったとして、それだけでは就職がたいへん困難だからです。

　それに対して、IT エンジニアになるための勉強は独学で十分な場合が多いです。そして高卒でも専門学校卒でも気にしない会社が多々あります。私は大学中退ですし、専門的にプログラミングやソフトウエア工学を学んできていません。

　年齢もそれほど関係なく、高い月謝を払うことなく、育成期間もそんなにかけずになることができるのです。つまり、ヤル気、そして最初にパソコンを購入するお金があればよいのです。また AI（人工知能）技術者に大きな報酬を用意する会社組織も増えました。これらのことでコスパの良い職業技術という人もいます。

　現在、エンジニアと呼ばれているのはプログラマのことですから、勉強するのはプログラミングです。プログラミングの勉強は、たとえればエレキギターを練習するようなものです。多くの人は独学でギターを練習し、学校には通いません。それこそ最初にギターを購入するお金とやる気があれば、エレキギターの練習をすることができます。

　けれども実は、ギターの挫折率は相当高かったりします。同様にプログラミングの挫折率も、プログラミングスクールのメンターなどしていた私の肌感から、それなりに高いと認識しています。自分自身、何度も挫折しています。数回プログラミングにトライして、何度目かのアタックでようやく攻略できました。そのとき攻略できたのは Perl 言語で、Perl の言語仕様と自分の直感との相性が良かったのかなと思っています。

　そして IT 業界に入ろうと本格的に PHP を勉強し始めたのは 30 歳のときでした。

　そんなふうに、条件が比較的緩く、多くの人に門戸を開いている。それが IT 業界の一番良いところだと私は思っています。

122

Chapter

9

権限や要求に関わる単語

103 allow

動 入場を許可する

「Allow?」と聞かれて簡単にYesと答えると痛い目に会うことも

　主に「入場の許可」という意味であるallow。なんに対しての入場許可かというと、IT界ではアプリである場合が多い。Webアプリでは「セッション」という概念が重要で、ユーザにセッションIDが割り振られるとそのアプリ内を自由に移動できるようになる。つまり遊園地のワンデイパスポートのようなイメージだ。

　ここで考えてみてほしいのが、「仮にこのセッションIDというパスポートを盗まれてしまったらどうなるだろう？」ということ。その盗人が自由自在にこのWebアプリ内を動き回れることが想像できよう。ざっくりした説明ではあるが、これが「セッションIDの漏洩」である。

💡 セッションID漏洩への対策：遊園地のひとつの施設から出る際に、新しいセッションIDをその施設の係員さんから再配布してもらい、古いものは期限切れにする。そうするとセッションIDがコロコロ変わるため、盗まれたり拾われたセッションIDの有効期限が限りなく短くなり、盗人の行動を制限できる。

104 permit

動 実行を許可する

しばしば「permitされていません」と怒られます。
だって権限がないのだもの

　日本語でも「パーミッション」と表現されることがあるpermissionは、「許可」という意味だ。その動詞形であるpermitは主に「実行を許可する」という意味であり、「入場を許可する」allowとはニュアンスが少し異なる。

　コマンドなどを叩いていると、「permission denied」とよくPCに怒られる。IT界では頻出フレーズである。これは「書き込みや実行のための権限がありません」という意味。（推奨されていないことも多いが）だいたい管理者かスーパーユーザになればOK。もちろん、権限の設定はちゃんとやったほうがいい。けれど……面倒くさいこともけっこうある。

　話は変わって、ここで「拒否」を意味するdenyの頭文字であるDに着目しよう。disる（ディスる）という日本語のスラングを知っている方も多いと思うが、頭にdisを付けることで大概の英単語はネガティブに反転する。たとえばadvantage（有利）ならばdisadvantage（不利）のように。それも含め多くの頭文字Dの単語はマイナスイメージだ（● 071 int, integer）。英語圏のネイティブにはDというキャラが「否」という風に映っているのかもしれない。

9

権限や要求に関わる単語

Example

　MySQLサーバーを起動させようとしたが、権限がない……という様子。

```
$ service mysqld start
touch: cannot touch ‘/var/log/mysqld.log’ : Permission denied
chown: changing ownership of ‘/var/log/mysqld.log’ : Operation not permitted
chmod: changing permissions of ‘/var/log/mysqld.log’ : Operation not permitted
～ 略 ～
MySQL Daemon failed to start.
Starting mysqld:                                        [FAILED]
```

 最小権限の原則：最小権限の原則とは、情報セキュリティや計算機科学などの分野において、「各ロール（役割）にとって必要最低限のアクセスしかできないように制限する」という設計原則である。

105 auth, authorization

名 パワー（権威）の授与、認可

認可を表わすauthorization、
またはその動詞形authorizeを短くしたのがauth

　authorizationは、「権威付ける」という意味のauthorizeの名詞系であるから、「権威付けること」から転じて「認可」という意味であろう。

　大昔、私が会社員だったころの話。直属の上司がちょっと空気の読めない頭の速い人だった。なので、私が資料を作って顧客の前でプレゼンめいたことをしているときに、なんと、その上司がツッコミを入れてきたのだ。

　「それって技術的に可能なの？」か「それってこうやればもっと簡単だよねー」みたいなツッコミ。私も非常に困ってしまったが、顧客も混乱して「提案をオーソライズしてから持って来てください！」とめっちゃ怒られた記憶がある。authorizeという英単語の意味合いを経験でもって理解できたのが救いであった。そんな昔話の教訓で恐縮だが、authという言葉が出れば、それは「認可」に関わっているものと思って問題はない。

うむ、行ってよし
authorized!!

💡 **authenticate**：authenticateもプログラミングではよく出てくる単語だ。authenticateの訳は「認証する」であるが、もっと丁寧に述べると「あなた（の主張）は正しいことを認める」という意味である。authorizeが「あなたが何かするパワー（権威）を与える」とは意味が異なる。

106 private

動 私的な、直接見られない　●対義語 **107** public

publicに対応する単語、private。publicやglobalが世界中に晒されている
のに対して、自分しか見えないprivate。なんとなく安全な感じでしょ？

　JavaScriptにはないが、オブジェクト指向言語には存在する概念private。
内に持っていて外には見せたくない情報をprivateとする。

　Ruby界隈で有名な「サンディ・メッツ本」にも「見せる必要のないもの
はprivateに」といった原則が記述されており、次のようなレストランの場
面で例えられている。

　ユーザが客なら、ユーザと給仕さんとのやりとりはpublic。一方で、給仕さ
んと厨房とのやりとりは、客に見せる必要もないし、場合によっては見せては
いけない。こういうものをprivateで定義するというわけ。このようなレストラ
ンでのオーダーのシーケンス図を下記に掲載したので参考にしてほしい。給仕
（waiter）のみがパブリックインターフェースとなっているのがわかる。

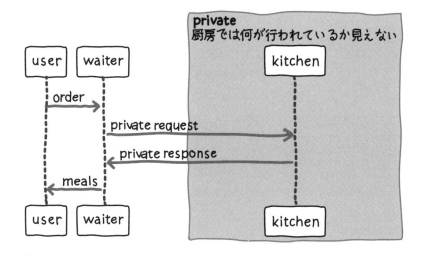

💡 **サンディ・メッツ本**：サンディ・メッツ氏の著書『オブジェクト指向設計実践ガイ
　ド』（高山泰基訳、2016年、技術評論社）のこと。Rubyによるオブジェクト指向
　での設計の本だが、アプリケーション一般に関する設計の原則などについても言及
　されており、示唆に富むため、私のお気に入りの本でもある。

107 public

形 公の窓口の　⮕対義語 106 private

私の場合、publicとかprivateの本質的な意味を理解できるまで長い時間を必要とした。それはサンディ・メッツのオブジェクト指向設計の本に出会うまでだ

　IT業界において頻出ワードのpublic。パブリックであるとは誰からも見れますという意味で使われる。みんなに見られてもいいものだけパブリックに設定しましょう。逆はprivate。

　実際の世界では、たとえば会社においては企業秘密や顧客情報がプライベートなメンバで、営業トークやコールセンター、広報などがパブリックインターフェースと言える。下のイメージを見てほしい。これは技術評論社の問い合せフォームのひとつであるが、こういった、パブリックな窓口を通してのみ、技術評論社内部のリソースにアクセスができる。内部リソースに直接触れることなどできない。それによって、「ご注意」というバリデーションをかけることができるのである。カプセル化とは端的に言えば「出入り口を絞って、そこにバリデーションをかけること」なんだと思う。

Example

　Java風擬似コードでCompany（会社）クラスを、会社内部情報などを隠蔽して、パブリックインターフェースのみでアクセスできるように定義している（abstractは抽象クラスや抽象メソッド）。

```
abstract class Company {
    private Data ourSecrets;
    private Data clientsInformation;
    public abstract Data salesTalk (Data ourSecrets, Data clientsInformation);
    public abstract Data prSpeak (Data ourSecrets); // PRは広報 (Public Relations)
}
```

お問い合わせ内容

お問い合わせ内容を具体的にご記入ください。OSやアプリケーションのお問い合わせにはバージョン番号を明記してください。

【ご注意】

---

108 meta

形 二次元の、高次元の

メタバース……? 興味ないね

「メタ」とは、端的に言えば「高次元」という意味だ。たとえば「メタ情報」といえば、それは「その情報がなんの情報かという情報」である。したがって、Ruby言語などの「メタプログラミング」とは「高次元のプログラミング」ということだ。けれど、これはいったいどういう意味だろうか？

「メタプログラミング」とは「プログラムを生むプログラムをプログラミングすること」である。

これがRuby言語で可能なのは、クラスさえもオブジェクトにしてしまったという高度な一般化による。オブジェクトの設計図であるはずのクラスの設計図まで書けてしまうのだ。モノを高度に一般化したり抽象化すると「不思議なこと」が起こったり、可能になったりする。Ruby言語の抽象さや掴みどころのない流動性はこの一般化から来ていて、実は非常に難しい言語であると考えている。

Example

Rubyによる簡単なメタプログラミング例。このソースコードが何も起こらないのは自明だろう。

```
def dog_bark
  puts "バウバウ！"
end

a = "dog"
b = "bark"
a + "_" + b   # 当たり前だが何も起こらない（ただの文字列だから）
```

しかし、最後の行を書き換えると……。

```
eval a + "_" + b   #=> バウバウ！が出力される
```

何やらおそろしいことが起こってしまった。evalの引数に文字列を与えると、それがメソッドと解釈されたのだ。こういうことが可能だと知ると、たしかにプログラムを生むプログラムが書けそうだと感じられるだろうか？

109 require

動 必要とする

コンピュータやプログラムは何かと要求してくるので、
広い心で応えてやりましょう

「要求」系の英単語その1、require。コンピュータはとかく「何かが足りない」
とか「何かが認識できない」とか「何かはすでにある」とか、文句ばかり言って
きます。自分が元気なときは「うるせえな」なんてブツブツ言いながら対応する
のですが、いっぱいいっぱいのときに文句を言われると、心が折れてしまうことも。

こうした要求にプログラミング初心者がなかなか対応できない大きな原因
は、やはり英語で文句を言われるからではないでしょうか。そんなときにこ
の英単語帳がお役に立てたら素晴らしいですね！

ともかく、コンピュータは様々な要求をしてくるもの。requireはログにも、
メソッド名にも、変数名でもしばしば出てくる単語です。

Example

Vue.jsの、とあるオブジェクトではプロパティとして **isAdmin** の値が真
偽値で必要だと設定されている。

```
props: {
    isAdmin: {
        type: Boolean,
        required: true,
    }
}
```

isAdmin が取得できないため、以下のような警告が表示されている。

```
[Vue warn]: Missing required prop: "isAdmin"
```

re quire 〜

必要っていうか〜　マック　まあ、ないと困る わけで〜

110 depend

動 依存する

「設計の……その第一の目標は変更コストの削減です」
『オブジェクト指向設計実践ガイド』より

「要求」系の英単語その2、depend。「依存する」という意味だが、「この
プログラムは、別のなにかのプログラムに依存しているので、それがないと
動きません」というような文脈で登場する。そういうわけで結局前項の
requireと似たようなものと考えておいてもいいだろう。

この「依存」という概念はプログラム設計では重要である。あるプログラ
ムとあるプログラムがお互いに強く依存し合っている場合、これは「密結合」
という悪い状態だ。

ちょっと変わったたとえを出そう。偉大な文豪、夏目漱石の『こころ』とい
う小説があるが、これは主人公の先生の友人Kが、先生との恋争いに敗れて自
殺するという、けっこう……な設定なのだが、それを軸に物語は展開される。

もしも漱石自身が原稿を書き上げた段階で、「Kって名前は微妙だな〜、
次郎にしよう」と思い立った場合、これは一括置換で問題ないので簡単に修
正できる。つまりこの物語は固有名詞の人名Kに、構造上は何も依存してい
ない（けれども物語の雰囲気は「K」と「次郎」ではガラッと変わる）。が、
しかし、もし、担当さんがうっかり「恋争いに敗れて自殺するって無理あり
すぎじゃないですかね」と本音を漏らしてしまったらどうだ。

この場合の修正ははっきり言って物語を一から書き換えねばならない。顔
面蒼白か、もしくは激昂している漱石が容易に想像できよう。つまり『ここ
ろ』はその設定に強く依存してるのだ。システムでの密結合というのも、こ
れと考え方は一緒である。

けれども、安心してください！ プログラム設計では、その依存関係を解
消するような、デザインパターンやリファクタリング方法というのが先人た
ちによって多数発見されている。しっかり勉強してちょーだい。

💡 リファクタリング：アプリやシステムの表面的な機能や振る舞いはまったく変えず
に、中身のプログラムの状態だけを改善することを「リファクタリング」と言う。

111 request

名 要求、リクエスト

requestはしばしばreqと略され、responseはresと略されます

「要求」系英単語その3のrequestは、そのまま「要求」という意味。「HTTP
リクエスト」でおなじみの言葉。Webサーバはクライアント（ブラウザ）
からリクエスト（要求）を受け、それに対応するファイル（画面）をレスポ
ンスする（返す）……といった感じ。

たとえば、私が住んでいる神奈川県川崎市のゴミの出し方についての
PDFが欲しいと思い、ブラウザでそのPDFの在り処（URI）を入力したと
しよう。するとURIが示す川崎市のサーバへ「ゴミ分別のPDFちょーだい！」
とリクエストが飛び、サーバは要求されたPDFファイルをレスポンスとし
て返してくれる。

Example

PHPでは、リクエストに含まれる情報を定義済み変数**$_REQUEST**で取得
できる。

```
$account = $_REQUEST['account'];
echo $account.'さんからのリクエストです';
```

Javaでは、暗黙オブジェクトの**request**を通してリクエスト情報を取得
できる。

```
var account = request.getParameter("account");
System.out.println(account + "さんからのリクエストです");
```

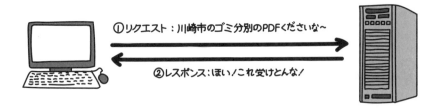

①リクエスト：川崎市のゴミ分別のPDFくださいな〜

②レスポンス：ほい！これ受けとんな！

112 invalid

形 （法的に）受け入れられない

ログインしようとすると、invalid……なんて表示されます

「無効なユーザ名かパスワードです」という決まり文句でなんとなく知ってるinvalid。逆はvalidであり、こちらは「受け入れ可能」という意味だ。そして「受け入れられない」といっても、とりわけ「法的に」と言う意味合いである。パスポートや免許証が無効……といった文脈で使われるイメージを持てればOK。ここからも推測できるように、プログラミングにもよく出てくるvalidationは「受け入れ可否の確認」になる。

ところで、「バリデーションはフロントとサーバ側のどっちで行うべきか」という議論を耳にすることがある。これは、普通に考えればサーバ側でやるのがいい。そのうえで、ユーザビリティまで要件に入っていればJavaScriptによってフロント側にも実装する。

これはなぜか? 単純に考えれば、ブラウザの設定でJavaScriptは無効にできるので、それをされてしまうとフロントでバリデーションを実装しても意味はないからだ。

なお、● 002 getで説明した**curl**コマンドを利用すれば、画面のフォームを介さずにサーバにデータを**POST**できる。そういったコマンドやプログラムを使えば、メールもメーラを通さず送信できるし、画面を通さずにHTTPリクエストを投げることも簡単にできる。

Example

Laravelでユーザ情報の妥当性の確認（バリデート）を実装するとこんな感じ。名前とメールアドレスはともに必須で、アドレスはメール形式でないと弾かれるぞ！

```
$request->validate([
    'user.name' => 'required',
    'user.email' => 'required|email'
]);
```

Chapter
10
データの受け渡しや
伝達に関わる単語

113 flush

動 バッファ内のデータを掃き出す　●関連語 051 stream

flash？ flush？ どっちやねん？

　日常会話では「トイレの水を流す」という文脈で使われるflushだが、IT用語としては、「バッファ内に溜まったデータを解き放つ」といった意味で使われる。似た単語にflashがあるが、こちらは光を解き放つイメージだ。

　私が新婚旅行でパリに行ったとき、誰も仕事をしない8月のバカンスの真っ最中で、街中の機械が故障していた。公衆トイレもまた故障中で「can't flush!」「can't flush!」という悲鳴が聞こえてきたのが印象的であった。

Example

　Javaでflushとバッファを利用してファイルにデータを書き出す。

```
var writer = new BufferedWriter(new FileWriter("test.txt"));
writer.write(" hogehogehoge" );
writer.flush();
```

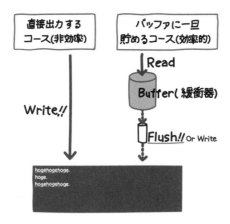

💡 バッファ：バッファとは「緩衝材」という意味だが、IT界では「プールしておく場所」といった意味で使われる。なので、工数見積などで「バッファを持たせました」と言うと「余裕を持たせた」という意味になる。

114 dispatch

動 送る

Fluxの出現によって、これまたIT界の仲間入りを果たしたdispatch

　送るは送るでも「急いで送り出す」という意味のdispatch。Facebookにより
考案されたUIアーキテクチャパターン「Flux」の出現により、これまた急に頻
出になった言葉だ。Fluxにおけるdispatchがなにを送るのかというと、「して
ほしい処理」を意味する「アクション」というものである（詳しくは勉強してね）。

　とはいえ、フロントエンド開発が盛んになる前からdispatchという単語は
使われていた。たとえばJava EEでサーブレットからJSP、つまりサーバ内
での異なるクラスへHTTPリクエストを転送する際に、`RequestDispatcher`
インターフェースの`forward`メソッドを利用する。そのリクエストの転送
を「ディスパッチ」と呼ぶことは普通にされていた。

　単語自体は難しいけれど、いずれも「急いで送る」「発送する」という意
味合いは同じなので、難しく考える必要はない。

Example

　難しいコードだが、HTML上のボタン要素をクリックしたときに（`onClick`
の部分）、「インクリメントする」というアクションがどこかに送られている
のがわかる。

```
<button
    className={styles.button}
    aria-label="Increment value"
    onClick={() => dispatch(increment())}
>
```

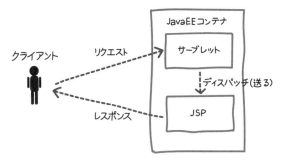

137

115 render

動 送り返す

renderがレンダリングと思い込むのは迂闊じゃないのか！？

　このrenderという単語も概念に落とし込むのが非常に難しい。「激むず単語三兄弟」の次男登場だ。

　たとえば、多くのMVCフレームワークのコントローラでは、Viewへの遷移に**render**という名称のメソッドや関数が使われている。この場合は「描画する」、すなわちレンダリングの意味合いが強く、HTMLファイルをクライアントに渡す感覚である。ただ、「描画する」とだけ考えては、Railsのコントローラで使われる**render**の汎用性の高さは理解しづらい。JSONやTextを描画するとは言わないのではないだろうか。この**render**メソッドはどちらかというと**return**に近いかもしれない。

　やや恣意的になるが、renderとreturnの共通項としてラテン語「reditus」というキーワードを引っ張り出そう。この「reditus」は、映画『バック・トゥ・ザ・フューチャー』のラテン語訳で「back to」として使われているものだ。そしてこの「back to」が私の中ではrenderのイメージとして最もしっくりきた。

　例えば、Railsでバリデーションなどにひっかかると、もとの画面へrenderするという書き方をよくするからだ。Reactのrenderなども考慮して、最良の日本語訳は「送り返す」じゃないのだろうか。と、本書ではそうして世に問う。

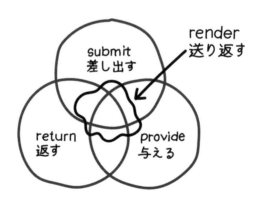

116 submit

動 提出する、送信する

submitとsubstringの頭のsubは同じものだ！

submitは「提出する」という意味。昔は、JavaScriptでフォームの内容をサーバにPOSTする際に**submit**メソッドがしばしば使われてきた。が、フロントエンド技術の進化で非同期処理（→ **097** async）が常識となった今はあまり使われなくなった印象がある（通常、**submit**すると画面がリロードされてしまうのだ）。

上記の一言紹介について補足しておこう。まず、submitには「負ける」とか「屈服する」という意味合いもあり、「何かをお願いする（検討してもらう）ために提出する」といったニュアンスがある。つまりこのsubは「下」「従う」といった意味であって、「補欠」の「サブ」だったり、「水面下」の潜水艦のsubmarineに通じる。そして、substring（部分文字列）のsubは「従属」だ。

Example

JavaScriptでフォームを送信するのはこんな感じ！

```html
<script>
    function submitForm() {
        document.myform.submit();
    }
</script>
<form name="myform" action="submit_test.php" method="POST">
    <p>名前：<input type="text" name="name" size="40"></p>
    <p>性別：<input type="radio" name="gender" value="male">男
        <input type="radio" name="gender" value="female">女</p>
    <p><button type="button" onclick="submitForm();">送信</button></p>
</form>
```

このコードは、ブラウザで以下のように描画される。

10

データの受け渡しや伝達に関わる単語

139

117 yield

動 制御を譲る

「道を譲る」って感覚なんだけど……
プログラミング上での概念が全然わからない感No.1の単語、yield！

高校英語では「産出する」や「譲る」といった意味であると習ったyield
だが、これまた概念を理解するのが非常に難しい単語だ。本書執筆でも最後
まで最難関単語 ➡ 094 traitとともに残ってしまった。traitが単純に「英単
語帳であれば後ろの方にあるような」難しさなら、このyieldは「単語の意
味は知っていても、プログラム上で出現するとニュアンスがサッパリわから
ん」という感じの難しさ。

プログラム上でも実際に「譲る」という意味なのだが、「じゃあ何を⁉」
と思うだろう。答えを言ってしまうと、「CPUを使うことを譲る」である。
言い換えれば、「制御を譲る」ということ。

したがって、計算機の内部でプログラムがどう処理されているかまで理解
しないとこの単語の本質には到達できない。2011年から10年Webエンジニ
アをやってわからんわけですわ。

激むず単語三兄弟

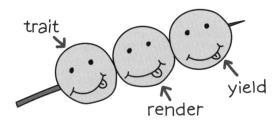

trait
render
yield

💡 **制御を譲る**：Javaのような抽象化された言語でWeb開発をやっていた私には
さっぱりわからなくとも、C/C++では当たり前なのかもしれない。ちなみに本項の
解説は、ご本家まつもとゆきひろ氏らによる『プログラミング言語Ruby』の139
ページのコラム「命名法：yieldとイテレータ」を参考にした。

118 assign

動 あてがう、代入する

現代的な格好良い響き、アサイン！

　私がはじめて「アサインする」という言葉を見たのは、漫画『宇宙兄弟』だった。「次のプロジェクトの宇宙飛行士にアサイン（任命）する」みたいな使い方で、格好良いなあと思っていた。けれど、よく観察してみると普通にビジネス用語として使われているみたい。

　プログラミング上では「あてがう」「補完する」という意味で使われることが多く、ややとっつきにくさを感じる。転じて「代入する」とも訳されることがあるので、そちらのほうがわかりやすいかもしれない。つまり、「変数に値をあてがう」ということ。名詞形のassignmentなら「変数への代入」というわけ。

Example

JavaScriptの **Object.assign** メソッドを利用して、『宇宙兄弟』っぽくアサインしてみる。

```
const newGreatProject = {leader: {}, member: {}};
const astronaut01 = {name: 'yuko', gender: 'female'};
const astronaut02 = {name: 'taichi', gender: 'male'};
Object.assign(newGreatProject.leader, astronaut01);
Object.assign(newGreatProject.member, astronaut02);
console.log(newGreatProject);
```

　実行結果は以下のとおり。

```
{
  leader: { name: 'yuko', gender: 'female'},
  member: { name: 'taichi', gender: 'male'}
}
```

　「代入する」という日本語も英語ではassignであるため、上でやっていることこは結局以下と同じである。

```
newGreatProject.leader = astronaut01;
newGreatProject.member = astronaut02;
```

119 alert

名 異常の通知

やばくなったら早めにアラート上げてね♡

プログラミングにおいて、noticeは「正常な通知」、alertは「異常の通知」として使われることが多い。変数名やメソッド名にalertが入っていれば異常の通知に関わるものだと考えてよい。よく現場のマネージャに、「やばくなったら早めにアラートを上げてね」と言われるが、そのタイミングがなかなか難しい。

Example

ブラウザで開いた瞬間、「早めにアラート上げてね♡」と警告が表われるゾ。

```
<html>
    <body>
        <script>
            window.alert('早めにアラート上げてね♡');
        </script>
    </body>
</html>
```

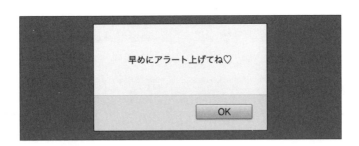

💡**アラートの上手な上げ方**：ぼんやりと期限が自分の中にあるだけだと、「あと1日頑張ってダメなら……」のようにダラダラやってしまい、気付いたときには手遅れということがある。なので、きっちりと「あと4時間でこのクラスのユニットテストが完了しなければアラートを上げる」というふうに具体的に約束しておくといい。

120 exception

名 例外

throw new Exception("例外だよーん")

　JavaやRubyにおいて、プログラミング上で処理すべきエラーはexception（例外）と呼ばれ、そのエラーの処理を「例外処理」と呼ぶ。例外処理を見れば、その言語仕様への精通度がだいたい分かる。

　ところで、システムの運用保守対応で、例外的な対応のために、取ってつけたような機能追加ばかりしていると煩雑なシステムが出来上がってしまうことがある。時にはユーザ業務をシステムに合わせるくらいの強気はあっても良いのかもしれない。こうした複雑な運用は、特に官公庁のシステムで起きやすいイメージが私にはある。つまり日本の行政の仕組みには、後付けの「if文」が非常に多いのだ。

Example

　Javaでは「例外をぶん投げる」という楽しいことができる。

```
class ExceptionTest {
    public static void main(String... args) throws Exception {
        throw new Exception("例外だよーん");
    }
}
```

　結果は、当然アプリの異常終了（ステータス0以外での終了）。

```
Exception in thread "main" java.lang.Exception: 例外だよーん
 at ExceptionTest.main(ExceptionTest.java:3)

Process finished with exit code 1
```

121 | assert

動 主張する

「もっとアサートしてください！」

　あまり見慣れない単語かもしれないが、IT界ではカタカナ語として「ア
サート」や「アサーション」という言葉がまま使われる。「主張」とか「私
に注目！」という雰囲気の言葉と考えればいいだろう。一言紹介の「もっと
アサートしてください！」というのは「上司が、部下にもっと主張しろと注
意している」といった場面をイメージしている。

　プログラミング上では、ある条件に満たないときに例外を投げるなど部分
的なチェックなどに使われる。JavaやPython、Ruby、PHPなどさまざまな
言語にこの機能がある。

Example

　Javaでのassertの使い方。条件を満たさないときに例外が発生する。

```
assert 条件式 ： エラーメッセージ
```

　具体的に実装すると以下のとおり。

```
public class AssertTest {
    public static void main(String... args) {
        var money = 0;
        assert money > 0: "お金がない！";
    }
}
```

　実行結果は以下のとおり（お金がないので例外が発生する）。

```
Exception in thread "main" java.lang.AssertionError: お金がない！
        at AssertTest.main(AssertTest.java:4)
```

122 send

動 送る

「情報は損失する」これは神が決めた宇宙のルールだ！

　プログラミングでは「メールを送る」とか「メッセージを送る」といった場面で登場するsendだが、普段から使用する単語であり、特に意味合いも変わることもないので説明は不要かと思う。……というだけでは紙面が余るので、上記の一言紹介文について補足しておこう。

　メッセージ等の情報をsend、すなわち誰かに送ろうとする際には、その情報は必ず送信過程で損失するのだ。そしてそのことは科学的に証明されている。情報の損失とはなんだろうか？　たとえば、忘却。つまり忘れることは情報の損失のひとつなのは理解できよう。他には、逆に雑音（ノイズ）が入る。これもまた情報の損失だ。さらには、情報を持つ媒体が変化するときにも情報が失われることもよくある。頭にあるアイデアを紙に書き写した場合、脳みそにある情報以上の情報を紙に書けないのは当たり前だ。であるので、紙にアイデアを書くという行為は情報を失うしかない。

　たとえば私が今思いついたことを、母づてに父に伝えようとしよう。私はまずLINEで母に文章を書く、ここでまずはじめの私のアイデアにおける情報は損失している。私からLINEのメッセージを受け取った母が、そのメッセージの真意がわからず少し誤解して解釈する（ノイズが入る）可能性だってある。そしてとうとう父に私のアイデアが渡ったときには、もう完全に違うものになっているかもしれない。こういった事象は日常の経験から読者もよく知っていることだろう。

　この話で特に重要なことは、情報理論という分野で、これらのことは科学的にきちんと証明されていることだ（L. ブリルアン著／佐藤洋訳『科学と情報理論』1969年、みすず書房）。というわけで、人づてに聞く話しなんて、あまり信用できないのである。

データの受け渡しや伝達に関わる単語

123 path

名 コマンドへ通じる道、ファイルの存在場所

結局パスが通っていなかっただけ、なんてことがありますね

IT初心者にとって意味のわからない単語No.1の「パス」。パスが通ってないと、ディレクトリを移動してその実行ファイルを直に叩かないと実行できません。コンピュータのどの場所からもその実行ファイルを叩きたければ、パスを宣言しておきましょう！……とハショリましたが、これはどういうことでしょうか？

そもそも、Linuxではコマンドはファイルとして存在しています。なので、例えばLinux上で ls とコマンドを打ったとして、このコマンド ls に対応するファイルの場所をコンピュータが知っていないといけないわけです。この場所のデフォルト値を指定するのが環境変数の **PATH** というわけ。

なお、この際先に見つけたものを優先するので、たとえばバージョン違いの同じプログラムへのパスが先に書かれてあった場合には、当然そちらを優先してしまう。そうすると「あれ、想定のバージョンと違う」なんてことも。Exampleで具体的に見てみよう！

Example

本来、コマンドは絶対パスで指定して実行する。

```
$ /bin/ls
dirA dirB fileC fileD
```

環境変数PATHに **/bin** を登録しておくことで、**/bin/** 部分を省略できる。

```
$ echo $PATH
/bin:/usr/sbin/:……
$ ls
dirA dirB fileC fileD
```

上の **/bin:/usr/sbin:** のようにパスはコロン区切りで列記されているので、この場合、**/usr/sbin/ls** ファイルに対応する ls コマンドを打とうとしても、先に記述されている **/bin/ls** に対応する ls コマンドが実行される。

124 node

名 節点、ネットワーク機器

あまり一般的ではない英単語、nodeであるが、IT界ではしばしば登場します

　まずはイメージを見てほしい。IT界において、nodeはもともとネットワーク上での節点となる機器を指す言葉だ。けれどもその後、もっと抽象的に使われるようになった。ソフトウエアや、その上のプログラムの要素でも使われたりする。それでも「節点」という感覚は残していて、プログラミングではたとえば、ファイルシステムやDOMツリーの各要素がnodeと呼ばれる。

　また、Node.jsという言葉も開発の現場では飛び交っている。Node.jsとは、その公式サイトに記載されている定義では「ChromeのV8 JavaScriptエンジンで動作するJavaScript」である。JavaScriptはブラウザ上でしか動かない言語であったが、Node.jsをホストにインストールすることによって、サーバ側で動作させられるようになった。

Example

　ブラウザ上ではなく、macOSのコンソールでJavaScriptを動かす。

```
$ node
Welcome to Node.js v14.4.0.
Type ".help" for more information.
> console.log('これはブラウザ上ではなくホスト側で動いているJavaScriptです。');
これはブラウザ上ではなくホスト側で動いているJavaScriptです。
undefined
```

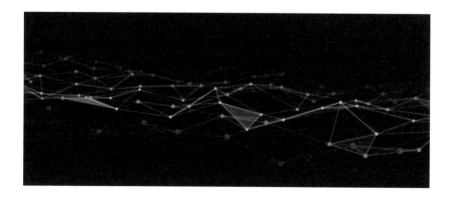

10

データの受け渡しや伝達に関わる単語

Column
訳による情報の損失

　単語というのは、その単語自体に情報を持っています。日本語であれば、ひらがなよりも漢字のほうが情報量は多いでしょう。「きょう」よりも「今日」のほうが情報量が多いということです。ひらがなの「きょう」ではなんのことかわかりませんが、漢字の「今日」には「今現在の日」であるという情報が入ってきます。

　このコラムのタイトルは『訳による情報の損失』ですが、これは一体どういうことでしょうか？　私が今でも不思議なことに、文学、文芸の世界で、川端康成がノーベル文学賞を取ったという事実があります。なぜ不思議なのかと言うと、ノーベル文学賞は世界的なタイトルであって、その訳が世界的に評価されたというところにあります（そういう意味でノーベル文学賞は訳者の大会という話もあるかもしれません）。

　川端の文学は非常に日本的で、たとえば『古都』は京都弁によって描かれています。この『古都』の京都弁の雰囲気が上手く訳せたのか不思議に思います（新潮文庫『古都』の「あとがき」では、この京都弁は日本人の川端でさえ書ききれず協力者によって加筆補正されていることが述べられています）。そしてその訳では当然、京都弁という情報によって生まれる効果というのが消えているのではないかと思うのです。「訳よる情報の損失」とここで言っているのはそういった意味です。

　外国語から日本語への訳もまたしかりで、訳によって情報が失われると、原著では伝わることが日本語訳ではうまく伝わらないということも起こるでしょう。

　私が最近感じたことを例に挙げてみましょう。現代数学の代数学という分野で「群、環、体」という非常に重要な概念があるのですが、この日本語訳は失敗だったのかもしれない、と思ったことについてです。

　もともとの英語は、「群」はgroup、「環」はring、「体」はfieldです。が、「体」ではなんのことかわからなくとも、フィールドであれば拡がりを、リングであれば繰り返しを、グループであればグループ分けの学問であろうと

いうことがイメージできるのではないでしょうか。

　しかし、日本語の定訳ではそのイメージが失われています。私自身、その英語を知った時にはじめて、「整数は繰り返されるものであるからringであって、だから日本語では環なのか！」と気がついた記憶があります。この簡素な日本語に訳してしまったことによっての損失はなかなか大きいのではないでしょうか。

　さらに言えば、differentialを「微分」と訳していることには、大きな誤解を招く恐れがあると考えています。differentialは、diffやdiffer（異なる）の名詞形なので、「微分」はおそらく「微かに分かつ」という意味なのでしょうが、「微分」という訳だと、その字面と高校数学の微積分のイメージから「細かく分ける」学問とミスリードされる恐れがあります。実際のところ、その言葉のとおり、本質的な「微分」の意味は「ちょっと変える」くらいの感覚

「微分」のイメージ

微分？
細かく分ける？

日本語の「微分」だけからのアプローチだと大間違いする可能性がある

「微分」&「differential」のイメージ

微分？
かすかに分かつ？

英語の「differential（異なり）」とのアプローチだとミスリードが防げる

なのです^{注1}。日本語の「微分」と英語の「differential」の両方のイメージからアプローチすると誤解を防げるかもしれません。

　そして、このような嗅覚こそが複数言語を知る者の強みということになります。それは日本語からも、英語からも、仏語からでも、そして……プログラミング言語からもその言葉のイメージにアプローチできるということです。

注1）　本書での「微分」のイメージは、松本幸夫『多様体の基礎』（1988年、東京大学出版会）、ディユドネ『現代解析の基礎』（森毅訳、1971年、東京図書）などを参考にして、ざっくりとイメージに起こしている。けれども「微分」は本来、図に起こすのが非常に難しい概念である。

Chapter

11

抽出や限定を表わす単語

125 ignore

動 無視する、除外する　　類義語 126 except

「Ignore?」と聞かれて、簡単にYesと答えると痛い目に会うことも

「無視する」「除外する」を意味するignore。コンピュータに何か問題が起きたとき、「Ignore?」と無視するかどうかを尋ねられることがある。こういうときは熟慮すべき場合も多い。

また、Gitにおいてはコミットから除外するファイルを.gitignoreというファイルで宣言する。 ➡ 126 exceptでも説明するが、必要のないものは除外したり先にリターンしておいたりと単純にしておくべきだ。そうしておけば後々考えることが減るし、コードもすっきりして、再利用しやすいものになる。プログラミングの基本原則は「消去法」だとも言える。

Example

以下は、とある.gitignoreファイル。シークレットキーや、ローカル環境変数の設定ファイルなどをコミットしないようにしてる。このように、セキュリティ上公開したくないものや、自分のローカル環境のみに限定したい設定ファイルなどを入れるケースが多い。

```
# Ignore encrypted secrets key file. 暗号化されたキーファイルはコミットしない
config/secrets.yml.key
# Ignore local env. ローカルの環境設定値はコミットしない
development.local.env
```

126 except

動 除外する、ブラックリスト　→類義語 125 ignore

排除すべきものは先に排除しておくという考えは重要だ！

「除く」はexcept、「それに限らせる」はonly。設定ファイルやプログラムでよく出てくる単語たちなので覚えましょう。

前項でも述べたとおり排除すべきものは先に排除しておくという考えはプログラミングでとても重要で、コーディング上達のための本の多くで「エラーはさっさと返して、ネストを減らせ」といったことが述べられている。つまりどういうことかというと……Exampleを参照してください。

Example

以下はniceHogeMethodがネストの内側にあるコード。

```
if ( A ) {
    niceHogeMethod();
} else {
    throw new Exception("エラーだよーん");
}
```

以下はniceHogeMethodがネストの外側にあるコード。こうすることで、niceHogeMethodに至ったときにはすでに例外的な条件が排除されている。考えるべきことがなくなり、シンプルとなる。

```
if ( !A ) {
    throw new Exception("エラーだよーん");
}
niceHogeMethod();
```

11

抽出や限定を表わす単語

💡 **!** （ビックリマーク）：「!」はプログラム上ではほとんどの場合、真偽の反転に使われる。したがって、**!false**は**true**であり、**!A**は「Aでなければ」という意味になる。

127 uniq, unique

形 ユニーク、一意の

「一意」という言葉は、ITの現場ではどこでも飛び交っている

　実際のITの開発現場においても、「この○○は一意です」とか「○○はユニークですか？」といった言葉が日常的に飛び交っている。そんなときに「ユニーク」とか「一意」といった言葉の意味がわからないと辛い。

　これは「それ以外にない唯一のもの」くらいの意味合いで、現実世界ではマイナンバーや書籍のISBNなどが「ユニーク」である。ユニークであることの重要性は、もし日本で同じマイナンバーを持った人間が複数あった場合どんな混乱が起こるかを考えれば理解できるだろう（それが実際にあれば致命的なバグだと言える）。ちなみに、正しくはuniqueだが、ときどき略されたuniqという英語表記を見ることがある。

Example

MySQLで、**films**というテーブルの**title**カラムにユニーク制約を課す。

```
mysql> ALTER TABLE films ADD UNIQUE INDEX unique_title_index(title(255));
Query OK, 0 rows affected (0.06 sec)
Records: 0  Duplicates: 0  Warnings: 0
```

titleが「秒速5センチメートル」のレコードが既にあるところに、同タイトルのデータをINSERTしようとするとエラーとなる

```
mysql> INSERT INTO films VALUE (NULL, '秒速5センチメートル', 'アニメ', '2022
-09-09', 5, '貴樹くんはこの先大丈夫でしょうか?', '', '', NOW(), NOW());
ERROR 1062 (23000): Duplicate entry '秒速5センチメートル' for key 'films.un
ique_title_index'
```

Ruby言語で配列を破壊的にユニークにする**uniq!**メソッドの使用例

```
irb(main):001:0> [1, 3, 3, 3, 4, 5, 5, 5, 5, 6, 6 ,7].uniq!
=> [1, 3, 4, 5, 6, 7]
```

 破壊的：多くのプログラミング言語では、メソッドを使っても通常はそのオブジェクト自体を改変しない。それもあって、あえてオブジェクトそのものを変える操作を「破壊的」という。Rubyでは破壊的なメソッドの名前に**!**を付ける慣習がある。「ここではオブジェクトを改変するよ～」と注意を引く良い命名規則だと思う。

128 filter

名 フィルタ

入社試験などで、学歴によりふるいにかける様を「学歴フィルタ」という

「フィルタをかける」という言葉は良い意味にも悪い意味にも使われるが、プログラミング上でも一般的に使われるのと同じく「ふるいにかける」ということ。

たとえば、サーバサイドJavaではアプリへのリクエストを実際の処理にかける前に共通処理としてフィルタを定義する。それによって悪意のあるリクエストなどを弾く（ふるいにかける）ことができる。Rails、Laravelなど主要なWebアプリケーションフレームワークはオブジェクト指向なので、リクエストを処理するコントローラの基底クラス（共通クラス）の先頭にフィルタ処理を書けば、すべてのコントローラクラスでその処理が動作する。

ネットワーク技術のファイアウォール（セキュリティを意識して通信の制限を行うツール）なども、そういった意味でフィルタの一種である。

Example

以下はLinux（CentOS）のファイアウォールの設定例である。

```
firewall-cmd --permanent --zone=public --add-rich-rule="rule family="ipv4"
source address="192.168.3.23" port protocol="tcp" port="22" accept"
```

ここでは、サーバである自分に対して、IPアドレスが **192.168.3.23** から来た、22番ポートへのTCP通信（SSHによるリモート操作）の許可を追加している。

💡 **ポート番号**：（サーバの）どのポート番号がどのプロトコルに対応するかというのは、メジャーな通信であれば覚えておかなくてはならない。たとえば80番ポートはHTTPで、上記のようにSSH（● 135 service）はデフォルトで22番である、といったことは常識の範疇だ。

129 trim

動 端の空白を除去する

犬の毛を刈り込む「トリム」は、プログラミングで意外とよく出てくる

日常会話としては「動物の毛を刈り込む」というときに使われたりする「トリム」。画像のトリミングの「トリム」でもあるが、プログラミングの文脈では、文字列の端っこにある空白を除去するメソッド名にこのtrimが使われることが多く、特にPHPやVBAなどでよく使われるイメージがある。フォームに入力された文字列に不要なスペースが入っている場合にそれを除去するイメージだ（除去しないとSQLの**WHERE**の条件に合わないことがあったりする）。

どの場合でも、「外側の余計な部分を取り除く」という意味合いが直感できていればOK。

Example

PHPの**trim**関数は以下ように動作する。前後のスペースが削除されているのがわかるだろうか（後ろ側はぱっと見てもわからないかも……）。

```
$ php -a
Interactive shell
php > $str = "   hogehoge hoge ";
php > $trim_str = trim($str);
php > echo $trim_str;
hogehoge hoge
```

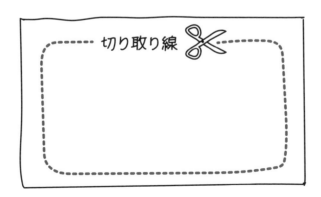

130 select

動 選択する

セレクトショップのselect！

アパレル関係の「セレクトショップ」というと、バイヤーが選んだものだけが並んでいる高級店というイメージではないだろうか。ここでいう「セレクト」は「選択する」という意味である。

IT界隈では、たとえば候補リストから選ぶプルダウンメニューのことを「セレクトボックス」と呼んだりする。実際にRailsでのプルダウンメニューのためのヘルパはselect_tagのように定義されている。

しかしプログラミングで使われる頻度が最も高いのはSQLでの検索だろう。SELECT * FROM peopleであればpeopleテーブルのすべてのデータを抽出する。

Example

私個人のデータベースから、私個人の評価の高い映画を抽出する。

```
mysql> SELECT title AS 'タイトル', note AS '感想' FROM films WHERE point > 8;
+----------------------+----------------------------------+
| タイトル             | 感想                             |
+----------------------+----------------------------------+
| 天空の城ラピュタ     | アニメ史上の最高傑作             |
| アパートの鍵貸します | 演出、脚本ともに良し             |
+----------------------+----------------------------------+
2 rows in set (0.00 sec)
```

11

抽出や限定を表わす単語

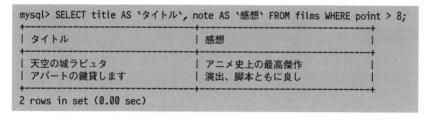

💡 ヘルパ：RailsなどのWebアプリフレームワークには「ヘルパ」という言葉が出てくる。ヘルパとは「ヘルパメソッド」や「ヘルパ関数」の略で、ビューで利用できるお手軽メソッド（関数）を指す。Railsのlink_toヘルパであれば、aタグが生成されてリンクを表示する。

131 limit

名 リミット、限度

意外ではあるが、LIMIT句は標準SQLではない

標準SQLではないがMySQLなどにある**LIMIT**。これによって取得するレコード数を指定できる優れもの。プログラミングでは、アップロードするファイルサイズの最大値を指定するような場面で使われる。**size_to_limit**属性などあれば、ファイルのサイズを制限するような役割を持つのがわかる。

このように最大値や最小値などの限度を意味するlimitだが、ここでついでにお話しておきたいのは閾値について。私が業界に入ったころ先輩からもらったアドバイスの中に、「テストには閾値のチェックを必ず入れよ」というものがあった。80という閾値があれば、「80未満の場合」「80の場合」「80より大きい場合」の3つのテスト項目が必要だということである。

ロジック上は絶対こうなるだろうと結果が自明なつもりでも、実際にテストを行うと不思議な結果が出ることはよくある。閾値に関しては上述の3つで網羅できるので、何も考えずにテスト項目を書けば良い。

Example

MySQLのLIMIT句を利用して、取得するレコード数を3つに限らせる。

```
mysql> SELECT title AS `タイトル`, note AS `感想` FROM films ORDER BY point
LIMIT 3;
+--------------------------------+--------------------------------+
| タイトル                       | 感想                           |
+--------------------------------+--------------------------------+
| ハウルの動く城                 | もう何がなんだか…              |
| ビフォア・ザ・レイン           |                                |
| ノルウェイの森                 | 声小さすぎ！                   |
+--------------------------------+--------------------------------+
3 rows in set (0.00 sec)
```

132 match

動一致する、マッチする

なんだよ、正規表現の「正規」って……

「その背景によくマッチしている」とか、逆に「ミスマッチだ」とかいうように普段からよく使われるmatch。プログラミングでは正規表現という技術に関連してよく使われる。

正規表現は文字列の検索などに利用される。検索する文字列のパターンを不思議な記法で設定して、そのパターンにマッチするものを抽出する、といった具合だ。ただ、私は覚えてもすぐに忘れてしまうので、都度、パターンをググって見つけている。正規表現をしっかりと身に付けている人をみると、えらい技術者だなあと感心して眺めている。

それはさておき、「正規表現」という日本語について。この語を見て「なんだよ正規って？」と考えたことのある人は案外少ないのではないだろうか。「正規」は英語のregularに対応し、現在でも多くの場面で「正規」「正則」と訳されている。けれども「正規」「正則」という日本語自体が古くさくてもはやピンとこないことも多く、であれば時代や状況の変化に合わせて変えていくべきだろう。そして、日本語のその表意性の強さを、もっと効果的に利用していくべきだ。

Example

JavaScriptで正規表現を利用する。**/[A-Z]/g**は、**[A-Z]**が、AからZ、つまりアルファベットの大文字を意味している。

```
> let text = 'The Who';
'The Who'
> let regex = /[A-Z]/g;
> console.log(text.match(regex));
[ 'T', 'W' ]
undefined
```

💡 **regex**：regexとは「regular expression（正規表現）」の略である。それがさらに略されて、「re」「reg」になることもしばしば。

Chapter

12

裏で動いてる雰囲気の単語

133 proc, process

名 プロセス

コンピュータの処理の基本単位、プロセス！

ふだんはあまり意識しないが、計算機では多くの処理が裏で動いている。そういうコンピュータの常識であっても、IT業界に入ってはじめて知ることは多い。

processは一般的に「経過」や「過程」を意味する単語だが、IT用語としてはそのような処理を行うための「プログラムの実行単位」の呼び名として用いられることが多い。プログラムの実行単位とはいうものの、その実体は「実行中のプログラムのインスタンス」である。こういった裏のプロセスやサービスが邪魔してエラーが起きることがあるのも、業界に入ってはじめて知ることかもしれない。

procと略されているときはたいていprocessを意味するが、そうではなくprocedure（プロシージャ、豆知識を参照）の略であることも。文脈で判断しよう！

Example

あのSNSアプリのLINEに関するプロセスを出力する。

```
$ ps aux | grep line
matu  64423  0.0  0.1  4399204  18164  ??  Ss  木04PM  0:00.42 /Applicat
ions/LINE.app...
```

Railsアプリは起動すると、自分のプロセスID（PID）を、アプリ内のファイルで持つ。

```
$ cat tmp/pids/server.pid
46413
```

💡 **プロシージャ**：プロシージャ（procedure）は直訳すると「手続き」「手順」となる。したがって、「procedural language」というと「手続き型言語」ということになる。また、データベースまでの命令を「手順」としてまとめたものが「プロシージャ」と呼ばれていたりもする。

134 task

名 処理の単位、割り当てられた務め

「この作業を、さらに細かいタスクに分解してください!」

「タスク」もまた、コンピュータの処理の単位として使われる単語だ。けれども日常の業務用語として使われるケースも多く、上記の紹介文のよう台詞を言われることもしばしば。

さて、ここで真面目で当たり前で月並みな話を偉そうにしてしまうと……私は「仕事」と「作業」を別個のものと考えている。たとえば「大きな困難に遭遇した場合、解決する方法を考えて、それをシンプルな細かいタスクに分割する」といった問題解決は「仕事」である。一方、その分割された、与えられたタスクをこなすのは「作業」だ。

将来的にフリーランスなどを目指している方の中には、社員が「仕事」をしてフリーランスエンジニアは「作業」を担当する……と考えている人がいるかもしれないが、そのようなことはあまりなく、フリーランスほど少ないヒントの中での自己解決能力が求められるものだ。

💡 **プロセス、タスク、ジョブ**：コンピュータ処理の単位であることはボンヤリ知っているが、それぞれきちんと定義されているような、されていないような……結局、その現場の習慣や命名に従ったりすることが多い。ひとまずその程度で捉えておいても十分だろう。

135 service

名 サービス

縁の下の力持ち、サービス！

サーバはさまざまな「サービス」を提供するから「サーバ」と呼ばれる。たとえば、動いているLinuxサーバ上で`systemctl list-unit-files -t service`と叩いてみよう。非常に多くの「サービス」が実行されていることに気付くだろう。こやつらは裏で常時動いていて何らかの大きな役目を果たしている、縁の下の力持ちだ！

こうした「サービス」の実体は、 **133** proc, process、 **134** taskと同じであるが、「常時」というのがポイント。世で言うところのサービス業などの「サービス」とはニュアンスが異なるので注意したい。

Example

`systemctl status sshd.service`でLinux（CentOS）上の**sshd**サービスの状態を確認する例。

```
$ systemctl status sshd.service
● sshd.service - OpenSSH server daemon
   Loaded: loaded (/usr/lib/systemd/system/sshd.service; enabled; vendor p
reset: enabled)
   Active: active (running) since 土 2021-03-27 13:36:21 JST; 5min ago
     Docs: man:sshd(8)
           man:sshd_config(5)
 Main PID: 1257 (sshd)
   CGroup: /system.slice/sshd.service
           mq1257 /usr/sbin/sshd -D
```

実行結果の3行目にある**Active: active（running）**より、**sshd**が起動していることがわかる。また実行結果の1行目にある**daemon**という単語にも注目してほしい。 **038** dev, developmentの豆知識でも解説したが、デーモンとは「主にバックグラウンドで動き、細々とした雑事の処理を請け負う」ものだ。

💡 **SSH**：通常、遠隔（リモート）操作にはこのSSHというプロトコル（通信方法）が利用される。遠隔操作を受ける側では**sshd**というサービスが動いていなければならない。

136 exe, execute

動 実行する

スクリプト実行時にEnterキーを叩く音は、大きいほうが気合も入る

　executeは「実行する」という意味だが、「死刑を執行する」という怖い意味もある。実際に、ITエンジニアをやっていれば、自殺行為をやっちまうことは年に1回くらいある。

　そして、Windowsの実行ファイルの拡張子である「exe」や、コード中の略語として出てくる「exec」もexecuteの略。exeファイルは開くと勝手にプログラムが走るので、知らないexeファイルは絶対ダブルクリックしちゃダメ！　絶対！　なんらかのプログラムをPCで走らせるということは、そのプログラムの意味するところをわかっていないと非常に危険なことなのだ。

　似たような話として……電子書籍などのプログラミングの実用書で、著者が匿名であり、どこの誰が書いたかもわからないような本が売られていたりすることがある。下手をすれば堂々とバックドアでも埋め込まれてしまうかもしれないのだから、どんなコードが載ってるのか見極める必要があるだろう。

12

裏で動いてる雰囲気の単語

💡 **バックドア**：クラッカー（攻撃者）は、実際の攻撃時に使うための侵入口を先に作っておくことがある。そういった裏の通信のツールなどをバックドアと呼ぶ。

137 kill

動 プロセスを止める　●関連語 **145** interrupt

とりあえずkill -kill

　Linuxにおいてプロセスを止めるシグナルを送る **kill** コマンド。物騒な名前を付けたものである。とりあえず **kill -kill**。プロセスを「切る」だけに kill。なんちゃって。（● **133** proc, process）でプロセスの実体は「実行中のプログラムのインスタンス」と述べた。それを思うと、インスタンスを kill するというのはわりと自然な感じもする。

　また、**kill** コマンドで、バツっとプロセスを落とすわけではない。どちらかというとプロセスを止めることをお願いする（シグナルを送信する）コマンドである。強制的に落としたい場合は、**-kill** というオプションを付けることで、ほとんど強制することが可能となる。

Example

　RailsのデフォルトアプリケーションサーバであるPumaのプロセスを止める。

```
$ ps aux | grep puma
matu  13386  0.0  0.4  4484420  64800 s009  S+   1:47PM  0:14.50 puma
3.10.0 (tcp://0.0.0.0:3000)
matu  59601  0.0  0.0  4268176    388 s020  R+  12:19PM  0:00.00 grep puma
$ kill -kill 13386
$ ps aux | grep puma
matu  59769  0.0  0.0  4268284    668 s020  S+  12:19PM  0:00.00 grep puma
```

💡 **ps aux | grep puma**：よく利用する（私はそうだ）コマンドなので簡単に説明しよう。**ps**はプロセスを一覧出力するコマンドなのだが、それにオプションを **aux** とつけていて、これですべてのプロセスを出力している。**|** によってその出力されたものに対して処理を行えるので、そこに **grep puma** というコマンドを噛ませることで「puma」の文字が入っている行だけが抽出されている。

138 shell

名 シェル

シェルスクリプトの拡張子はsh。でも、なんでまた shell（貝殻）なん？

　IT関連で「シェル」と言われると、普通は2通りのものが思い起こされる。ひとつは、UNIXシステムの対話型コンソールである。そしてもうひとつは、Windows上でのbatファイルのようなLinux上での実行スクリプト（シェルスクリプト）だ。

　Linuxの機能に、cron（クロン）というものがあって、このcronに「月末の何時にこのスクリプトを走らせる」ような設定をすることができる。それにより日次処理や月次処理を行うケースが多く、こういったものを「バッチ処理」という。このときのスクリプトをシェルスクリプトで書くことは多い（RubyでもPerlでも何でも良いのだけれど）。

　コンソールに直に打ち込む複数行のコマンドを切り出してファイルとしたものも「シェルスクリプト」なので、結局上の2つは同じものである。

Example

　Linux（CentOS）上で簡単なシェルスクリプトを実装して実行してみよう。以下のように、「実行されたよ～」とだけ出力する**test.sh**を実装する。

```
#!/bin/sh
echo "実行されたよ～"
```

test.shに実行権限を与えて、実行する。

```
$ chmod 755 test.sh
$ ./test.sh
実行されたよ～
```

12

裏で動いてる雰囲気の単語

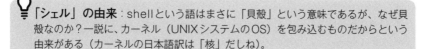
💡**「シェル」の由来**：shellという語はまさに「貝殻」という意味であるが、なぜ貝殻なのか？一説に、カーネル（UNIXシステムのOS）を包み込むものだからという由来がある（カーネルの日本語訳は「核」だしね）。

Column
小説家になりたいなら
エンジニアになりなさい

　もともと医者を志していた小説家がたくさんいるのをご存じでしょうか。森鷗外、安部公房[注1]、北杜夫、渡辺淳一などなど。彼らは当然その医学的な知識を小説の中で展開することもありますが、そもそも医者という職業技術をもっているからこそ、小説家というギャンブル要素のある仕事にチャレンジできたのかもしれません。

　斎藤茂吉という有名な歌人がいますが、息子の北杜夫（本名：斎藤宗吉）が作家になりたいと言ったときに、まず医者になれと言いました[注2]。そういった安定した職業技術を持っていれば失敗した時に大丈夫であろうという親心なのかと勝手に想像しています。実際に北杜夫は医者になり『どくとるマンボウ』シリーズ（どくとる、すなわちdoctor＝医者）というエッセイが大ヒットしています。

　というわけで、ひと昔前なら「小説家になりたいなら医者になりなさい」であったかもしれません。

　ここで私自身の話をさせてください。私はITエンジニアという職業を経たからこそ、Web記事や技術書を書くような、そしてこのたびのこのような英単語帳をリリースするような、今までは考えられもしなかった働き方を実践できるようになりました。

　また、本文中でも述べたように、プログラミングに必要なのは国語力です。ですのでプログラミングができるようになって、国語や英語の力、すなわち自然言語の能力も高まったように思います。普段の日本語の文章でも論理の矛盾や構成の矛盾などに気を遣いはじめたからかもしれません。また英語に

注1　東大医学部卒だが医師免許は持っていない。多くの作品で病院を舞台とした。

注2　「父を買ひかぶってはならない。父の歌などはたいしたものではない。父の歌など読むな。それから、父が歌を勉強出来たのは、家が医者だったからである。そこで宗吉が名著（?）を生涯に出すつもりならばやはり医者になって、余裕を持ち、準備をととのへて大に述作をやって下さい。」斎藤茂吉が北杜夫（斎藤宗吉）へ送った文面の書き出し。父から子への愛情が垣間見える可愛い文章です。

関しても、プログラムは英単語で構成されているので、その単語をネイティブ感覚でイメージできるようになったのかもしれません。

　そういえば、第160回芥川賞を受賞した上田岳弘氏もIT企業の役員で、その受賞作品には仮想通貨などが出てきます。もしかすると現在では、「小説家になりたいならまずエンジニアになりなさい」というようなことがあるかもしれませんね。

Chapter

13

ログによく
表われる単語

139 warning

名 警告

警告なんて無視しちゃえ！……って、おいおい

　絶対に修正しないといけない致命的なエラーが赤色で表示されることが多いのに対し、「警告」を表すwarningはほとんどの場合黄色で表現される。信号が黄色だと無視して進んしまう人がいるように、同様にログの警告でも、修正しなくても問題がない場合が多いのなら無視するというプログラマもいるかもしれない。

　信号無視といえば、SQLやデータベース設計の「やっちゃいけない集」として『SQLアンチパターン』という良書があるのだが、この第1章で「ジェイウォーク（信号無視）」という名のアンチパターンが紹介されている。これはなんと、多対多のテーブル関係で1つのフィールドにカンマ区切りのリストを突っ込むという荒業。つまり（タブーである）ひとつのフィールドに配列を登録することで、無理くり多対多を表現するというパターン。正解は中間（交差）テーブルを作ることだが、それ（交差点）を無視するので「ジェイウォーク(信号無視)」。ネーミングセンスが良いですね。ちなみにこのジェイウォークを強行するといつか詰みます。

💡SQLアンチパターン：テーブル設計などで、自身がやらかしたことのあるアンチパターンがたくさん収録されている。そんなときにはこの解決方法がベストであったと正解を示してくれるオススメの本だ。(Bill Karwin著／和田卓人・和田省二監修／児島修訳『SQLアンチパターン』2013年、オライリー・ジャパン)

140 abort

動 中断する

切羽詰まっている時に「abort!」とか「failure!」を見たときの
絶望感は大きい

　計画などの「中断」を意味するabortであるが、コンピュータ用語として
も「打ち切り」や「中断する」という意味である。次項の➡ **141** failureと
同じくらいの頻度でログに現れ、いずれもなにか残念な状況を示している。

　たとえば、インストールやデプロイの最中にこの単語が現れたなら、それ
はインストールやデプロイに失敗したということだ。デプロイに30分くら
いかかるときにこの単語を見ると、「ああ！もう！」ってなる。

Example

Railsコマンドで失敗したときにも登場する。

```
$ rails db:migrate
rails aborted!
ActiveRecord::DuplicateMigrationNameError:
```

💡 **デプロイに30分**：すでに説明したとおり、「デプロイ」という言葉はサーバ上にア
プリを展開すること。それが30分もかかるというのは意外かもしれない。けれど
も、ビルドやテストなどを自動で実行するような「CIツール」を通すのであれば、
やはりこのくらいの時間はかかるものなのだ。

141 failure

名 失敗

こちらもabortと同じく、何かの処理に失敗したときに表示される。abortよりはっきりした物言いな分、良い

「失敗する」を意味するfailの名詞形、failure。ふつうに「失敗した」ということで、そのまんまfailureと表示されることはしばしばあり、イラッとくることも多い。

けれども「失敗は成功のもと」という言葉があるように、失敗なくして成功はあり得ない。そんな「失敗」を、清々しいほどポジティブに言い換えた男がいた。その男の名は、発明王トーマス・エジソン。エジソン流に「失敗」を捉えるなら、「失敗ではない。うまくいかない1万通りの方法を発見したのだ」ということになるそうです。

Example

空のC言語ファイルを作成して、コンパイルしようとした例。「`linker command failed`」から、リンクが失敗して**0**以外の値で**exit**しているのがわかる。

```
$ touch hoge.c
$ gcc hoge.c
Undefined symbols for architecture x86_64:
  "_main", referenced from:
      implicit entry/start for main executable
ld: symbol(s) not found for architecture x86_64
clang: error: linker command failed with exit code 1 (use -v to see invocation)
```

💡 **とは言ってもエジソンは偉い**：ついに実用化が見えてきたリニアモーターカー。その様子を見て思う。ひらめき（理論）はほんとに1%に過ぎず、実用化には99%の努力（うん万人という人間の力と、半世紀以上の時間）を必要とした。エジソンの偉大さの本質は、彼がゴールを実用化としていたことにあるのではないだろうか。そしてITでも同じことが言える。アプリやシステムは実用化してなんぼなのである。

142 var, variable

名 変数

変数が「言葉」で、中に入っているオブジェクトは「アイデア」だ!

「考える」という作業のなかには、「単純に考える」という工程と、「考えたアイデアを言葉に落とし込む」という工程とがある。実はこの「考えたアイデアを言葉に落とし込む」という作業はとても重要だ。というのも、人の目に見えるものは言葉だけだからである。なので、思考を忠実に言葉に落とし込まなければ、上手に伝わらないわけです。

言葉が「思考を落とし込む容器」であるように、変数は「オブジェクトを代入する容器」である。共通することは中身が見えていないということだ。思考を正しく言葉にすることと同様に、中身のオブジェクトの意思を正しく変数名に乗せないと、プログラムも上手くない。プログラミングが上手いというのは、正しく情報を伝えられるということで、やはり結局は言葉次第なんだと思う。

variableという英単語自体は、以下にも示したように「そんな変数ありまへーん」という感じで出現する。また、その略であるvarを変数の宣言に使う言語も多くある。

Example

Rubyでいきなり**hoge**とだけ書いて実行してみた例。「**undefined local variable or method 'hoge'**」つまり「**hoge**というようなローカル変数やメソッドはないよ」と怒られている。

```
irb(main):001:0> hoge
Traceback (most recent call last):
        2: from /Users/matu/.rbenv/versions/2.5.3/bin/irb:11:in `<main>'
        1: from (irb):1
NameError (undefined local variable or method `hoge' for main:Object)
```

Javaでローカル変数を定義する。

```
jshell> var i = 123;
i ==> 123
jshell> System.out.println(i);
123
```

13

ログによく表われる単語

175

143 load

動 メモリに読み込む、負荷をかける

「セーブ」とか「ロード」とか「コンティニュー」とか、
小学生の頃はよくわからずに、ゲーム中そんな横文字を使っていましたね

save（セーブ）は外部記憶装置に「書き込む」ことで、load（ロード）は
そこから「読み込む」ということ。インストール中によく出てくる単語だ。

ただし、loadのもとの意味は「積み荷」や「荷物を積む」で、Web開発
で出てくる「ロードバランサー」の「ロード」も「負荷」を意味する。
AWSの「ELB」というロードバランサーのサービス名は「Elastic Load
Balancing」の略。そしてこのelasticという単語もIT界ではよく使われ、「伸
び縮み可能な柔軟性」を示す。

Example

フロントエンド開発ではたとえば以下のように使われる。

```
isLoading
    ? <Loading />
    : <MainComponent { ...data } />
```

ここでは、ロード中ならスピナー（待機中のくるくる）の画像を表示し、ロー
ド中でなければ状況に応じたメインコンテンツ画面を表示する。

💡 三項演算子：Exampleの？と：は「三項演算子」というものの部品だ。<条件式>
? <trueだった場合> : <falseだった場合>と、if文を簡潔に表現できる。可読性が
悪いと言われて推奨されないこともあるが、ReactやVue.jsのようなコンポーネン
ト指向フレームワークの登場以降、昨今のJavaScriptではガンガン使われている。

［動］呼び出す

ログの中の意味のわからない単語No.1、invoke！

　ログに頻繁に出現するが、まったく意味がわからない単語invokeは「（サブルーチンなどを）呼び出す」という意味である。学生のときなどに目にすることは少ない単語だが、コンピュータ用語としてはメジャーなようである。何かのプログラムをインストールする際、それが依存するモジュールが呼ばれるときなどに出現する。私もはじめは「invokeってなんやねん？」と無視していたが、あまりにも高頻度で現れるのでちゃんと調べて、この単語帳にも含まれたという経緯がある。余談ではあるが、この単語帳は150語限定であるので、ノミネートされて涙をのんだ単語は少なからずある（だからどーした）。

　さて、難しい単語なので語源を見ていこう。inはそのまま「内に」で、vokeには「ボーカル」などから想起されるように「呼びかける」といった意味が込められている。というわけで、in（内に）＋ voke（呼びかける）で「呼び出す」という意味だ！

Example

　ログでの出現例。

```
now invoke dependent program ......
```

💡 **サブルーチン**：メインのプログラムで呼び出す、メインプログラムに従属する（→ 116 submit）モジュールである。そして、その名のとおりルーチン処理を担当するプログラム群を指す。C言語やPHPなどの関数はサブルーチンと見なすことができ、VBAではそのまんまSubと宣言する。

145 interrupt

名 割り込み　◎類義語 137 kill

計算機科学の重要な概念、割り込み！

　コンピュータでは「割り込み」という意味で、こちらもしばしばログに登場するinterrupt。「割り込み」は計算機科学では重要な概念で、マウスやキーボードなどの周辺機器から制御要求を受けたときに、「interruptされた！」と大騒ぎになることがある。

　キーボードの「Control キー」は、もともとそういった「制御」のシグナルを出すためのキーという意図である。UNIXシステムでは「Control ＋ C」で割り込みのシグナルを送ることができ、これはkillコマンドを送ることと同義である。Exampleにあるように、◎ 036 continueや◎ 037 nextで例に出した無限ループのプログラム実行中に割り込みしてみよう！

Example

　Javaで奇数を出し続ける処理（◎ 036 continue）の最中で Control ＋ C を押し、interruptしてみる。

```
...
853907
853909
Process finished with exit code 137 (interrupted by signal 9: SIGKILL)
```

　Rubyで奇数を出し続ける処理（◎ 037 next）の最中で同様にinterruptしてみる。

```
...
...
2129755
2129757
Traceback (most recent call last):
/Users/matu/ruby_scripts/print_odd.rb:5:in 'write': Interrupt
Process finished with exit code 2
```

146 exist

ログで見かけると、意外と失敗を表わしているケースが多い、exist

「存在するなら消す」とか、「存在するなら上書きする」とか。そういう存在確認を伴う場合に当然のように使われる exist。

ログにおいては、「(作ろうとしたファイルが) すでに存在しています」といった形で出現することが多いが、たいていはそれが理由で処理に失敗したことを示している。

Example

Railsのコマンドで既に存在するデータベースを生成しようとした (がうまくいかなたった) 例。

```
$ rails db:create
Database 'sample_development' already exists
Database 'sample_test' already exists
```

Javaでファイルの存在を確認してみる。そのため、あらかじめファイルを作成する。

```
$ touch /Users/matu/hoge.txt
```

Javaでのファイルの存在確認は以下のように実装する。

```java
import java.nio.file.FileSystems;
import java.nio.file.Files;
public class ExistsTest {
    public static void main(String... args) {
        var fs = FileSystems.getDefault();
        System.out.println(Files.exists(fs.getPath("/Users/matu/hoge.txt")));
    }
}
```

実行結果は以下のとおり。

```
true
```

13

ログによく表われる単語

147 compress

動 圧縮する　→関連語 062 archive

> ファイル群をまとめて圧縮して、アーカイブ（書庫）化するときに登場する、compress！

zipなんて言葉は普段PCを使っていても出てくる言葉だが、コンピュータ用語のzipはバッグのチャックなどを表わす「ジッパー」と似たようなものと考えて問題ない（ただし具体的な業務システムのカラム名で出てくるzipは「郵便番号」である場合が多い）。複数のファイルをまとめて、バッグに入れてチャックをかけるのが「zip」。そして、そのバッグをギュッと圧縮してコンパクトにする、その感覚がcompress！　→ 034 composeで述べた「com」のイメージを思い出してほしい。com（中心方向への結合）＋ press（押す）で「圧縮」だ！

Webアプリケーションを構成する画像ファイルやプログラムファイル群は非常に膨大な数になるため、サーバに置くときなどには、コンパクトに圧縮されアーカイブ化されることがある。そういうときに、compress... なんてログが出ることもしばしば。

Compress.!!

💡 **tarボール**：Linuxを業務で使っていると、「tarボール」という言葉が出てくることがある。Linuxには**tar**コマンドというアーカイブを実行するコマンドがあるのだ。それによりマルっとまとめられたものを「tarボール」と呼ぶのである。

148 identify

動 認識する、ファイルが見つかる

「can not identify」は「認識できなかった」、
つまり「見つかりませんでした」とコンピュータの言い訳です

　「特定できませんでした」という意味で、「can not identify ほげほげ ファイル」とか「ほげほげファイル is not identified」といった感じで ログによく出る単語。当然これが出ると残念な感じで、失敗を表していると 思ってOK。

　見つからない原因は「実際にはそんなファイルがない」「パスが違う」「ファイル名が間違っている」などなど、けっこうしょうもないことだったりしがちである。したがってしっかりと確認すれば解決できることも多いエラーなので、根気強くログと向き合ってほしい。

Example

/hoge1/hoge2/foo3.txt ファイルが見つからない感じのログ。

```
can not identify file '/hoge1/hoge2/foo3.txt'
```

149 deprecated

形 非推奨の、廃止予定の

コンピュータってほんとうるさいなあと思う単語No.1、deprecated！

　「非推奨」という意味のdeprecatedはログでよく出ます。「別にいいんですけど、それって今はもう非推奨な書き方なんですよねー」みたいな感じで、コンピュータが上から言ってきます。そんなとき、なんちゃってプログラマの私は「うるせえなあ、別に良いならええやんか。動くし」と反論します。心の中でどこか、しこりを残しながら……。

　とはいえ！　さすがに私でもプロダクト（製品）のコーディングにdeprecatedなメソッドなど使いません。あくまで個人的な開発や勉強のときの話ですよ！

Example

Rubyで非推奨となった`Fixnum`クラスをわざわざ使ってみる。

```
irb(main):001:0> i = 3
=> 3
irb(main):002:0> i.is_a?(Fixnum)
(irb):2: warning: constant ::Fixnum is deprecated
=> true
```

 非推奨：当たり前だが、個人的な勉強などでも推奨されていない書き方は使わないほうがいい。将来的にバグを生むもととなるものなどが非推奨となっているのだから。また、非推奨なメソッドなどは将来的に消える可能性があり、バージョン上げたときにプログラムが動かなくなることも。そうなるとまた手が止まってしまうのだから、賢明な読者はあらかじめ対応しておきましょう。

150 halt

動 コンピュータを停止する

立ち止まるという意味のhalt。
停止という意味で計算機とは関わりの深い言葉である

　私がはじめてLinuxを触ったとき、シャットダウンの方法が分からず調べる羽目になってしまった。だから、はじめて覚えたLinuxコマンドは **ls** でも **cd** でもなく、**shutdown -h now**。そして、このオプションの「**h**」はhaltを意味するのだ。つまり、「今すぐ、コンピュータを停止する」という意味のコマンドだということがわかる。そんなわけで、この思い出深い単語で本書を締めくくろうと思う。

　と、その前に少し寄り道。この「Halt!」は軍隊などで「止まれ！」のような使われ方もする。同様の言葉を紹介すると「Freeze!」があり、直訳すれば「凍れ！」である。ただ、この場合は止まらないと撃たれるような緊迫した事態だ。freezeは「パソコンがフリーズしちゃった〜」などでIT用語としても登場する。そして意外かもしれないが、プログラミング言語のRubyやJavaScriptには **freeze** メソッドがある。この場合は「止まれ！」ではなく、オブジェクトを「凍らせる」、つまり改変できないようにするという意味で使われている。

　haltの話に戻ろう。Linuxにはそのまんまの **halt** コマンドというものがあり、私は先ほど、本書のExampleに利用できるかもと考えて、自分のMacBookで権限を与えて実行してしまった。そうすると何が起きたか？ 30分ほど執筆作業が止まってしまった。何かいろいろPCがおかしくなってしまった。その後少し調査すると、この **halt** コマンドは緊急事態のときに用いるコマンドで、安全にシャットダウンする手続きをせずに計算機を停止してしまう。なにやらとんでもないことをしてしまったようだが、私の本書執筆作業も半ば強制的にhaltすることとなった。私がはじめて覚えたコマンド **shutdown** は「安全にhaltする」つまり「終了する」という意味合いであったことを、それから20年経って、身をもって学んだのである。

> **hオプション**：shutdown -h nowの場合のhオプションはhaltなのだが、例えば **df -h** 等の場合（ **df** は「Disc Free」の略で、ディスクの空き領域を表示する）、この **h** オプションはhumanを表わす。つまり、「人間にとって見やすい表示をする」という意味である。

おわりに

　本は活字媒体であり、生身の声ではありません。けれども、本書でも少しだけ主張したように「あなたの言葉が聞きたいんだ」という場面はよくあります。あなたのアイデアをあなたの言葉に落とし込んだものを聞かせてほしいということです。

　本書の執筆で最もこだわったのは、「私の経験や私が考え抜いて行き着いたアイデアを、私の言葉で主張する」ということです。執筆にあたって、私自身の10年のエンジニアとしての経験、そしてその経験のなかで毎日毎日答えを探し続けようやくようやく落ちてきたものを、ギュッとひとつにまとめたいと考えました。そしてたどりついたのが「プログラミングにおける英単語の重要性を伝える」という本書のテーマです。私が伝えたいことの具体例として、情報を乗せる器たる英単語の重要性を選んだのです。

　本書の読者に伝えたいことは、一点だけかもしれません。「自分の言葉を生み出してください」ということです。他人の言葉のアンプ（増幅器）になってはいけないということです。自分のところに到達した言葉を、まずはしっかりとストップさせてください。そして、自分の言葉に変換するか、それが間違っていると思えば自分の言葉を生み出し、あなたが発信源になってください。

　自分の言葉を生み出すのは簡単なことではありません。日々自分の頭で思考し続けることでしか達成できないことです。ですから、考え続け、足掻き続けてください。すべての情報を、批判的に、懐疑的に見てください。大人や先生、エラいと言われてる人の言葉を鵜呑みにしないでください。

　あなたが少年や少女だったとき、きっと世界は不思議で、すべてのことに疑問を感じたと思います。その「本当にそうなの？」という素朴な疑問を持ち続けることが、現代の情報の波にさらわれないためのアンカー（錨）となるでしょう。いつまでもその自分の本心に忠実でいてほしいと思います。

著者プロフィール

松元大地（まつもと・たいち）
1981年大阪市生まれ、札幌育ち。
フリーランスのITエンジニアとして活動するほか、ジャンルを問わない文筆業を展開している。一番好きな言語は日本語。

●装丁　　　　　　　　　植竹 裕（UeDESIGN）
●本文デザイン／レイアウト　朝日メディアインターナショナル
●本文イラスト　　　　　朝日メディアインターナショナル
●カバーイラスト　　　　Net Vector/Shutterstock.com

■お問い合わせについて
　本書に関するご質問は、本書に記載されている内容に関するもののみとさせていただきます。本書の内容と関係のないご質問につきましては、いっさいお答えできませんので、あらかじめご了承ください。また、電話でのご質問は受け付けておりませんので、本書サポートページを経由していただくか、FAX・書面にてお送りください。

＜問い合わせ先＞
●本書サポートページ
https://gihyo.jp/book/2023/978-4-297-13388-7
本書記載の情報の修正・訂正・補足などは当該 Web ページで行います。

● FAX・書面でのお送り先
〒 162-0846　東京都新宿区市谷左内町 21-13
株式会社技術評論社　第 5 編集部
「プログラミングの英単語」係
FAX：03-3513-6173

なお、ご質問の際には、書名と該当ページ、返信先を明記してくださいますよう、お願いいたします。お送りいただいたご質問には、できる限り迅速にお答えできるよう努力いたしておりますが、場合によってはお答えするまでに時間がかかることがあります。また、回答の期日をご指定なさっても、ご希望にお応えできるとは限りません。あらかじめご了承くださいますよう、お願いいたします。

[コードの気持ちがわかる！] プログラミングの英単語
入門で挫折しないための必須単語 150

2023 年 4 月 28 日　初版　第 1 刷発行

著　者　　松元 大地

発行者　　片岡　巌
発行所　　株式会社技術評論社
　　　　　東京都新宿区市谷左内町 21-13
　　　　　TEL：03-3513-6150（販売促進部）
　　　　　TEL：03-3513-6177（第 5 編集部）
印刷／製本　港北メディアサービス株式会社

定価はカバーに表示してあります。

造本には細心の注意を払っておりますが、万一、乱丁（ページの乱れ）や落丁（ページの抜け）がございましたら、小社販売促進部までお送りください。送料小社負担にてお取り替えいたします。

ISBN978-4-297-13388-7　C3055

Printed in Japan